Karlfried Graf Dürckheim

Vom doppelten Ursprung des Menschen

HERDER / SPEKTRUM

Band 4053

Das Buch

„Der Mensch ist zweifachen Ursprungs, er ist himmlischen und irdischen, natürlichen und übernatürlichen Ursprungs. Wir alle kennen den Satz. Aber wer hat gelernt, ihn ernst zu nehmen, ernst als Aussage einer Verheißung, einer Erfahrung und eines Auftrags?" Karlfried Graf Dürckheim, einer der großen spirituellen Lehrer dieses Jahrhunderts und der wohl bedeutendste Vermittler östlicher Weisheit und westlicher Kultur, zieht die Konsequenz aus dieser Einsicht. Er erschließt die seelische Situation des Menschen in unserer Zeit, formuliert die möglichen Konsequenzen und weist lebbare Alternativen. Der Mensch des Westens, der nach den Gesetzen einer ausufernden Konsum- und Leistungsgesellschaft lebt, verfehlt seinen inneren Weg. Sich gegen diese beherrschende Wirklichkeit zu wenden, kann nur durch eine Rebellion seiner Tiefenschichten geschehen. Menschliche Reife ist kein Privileg östlicher Weisheit, auch kein Privileg, das nur wenige finden können. Karlfried Graf Dürckheim beschreibt in seinem Buch die Grundlegungen und die praktischen Übungen für die richtige, unverkrampfte innere und äußere Haltung, die jeder Mensch vollziehen kann, um reifer und freier zu werden.

Der Autor

Karlfried Graf Dürckheim, 1896–1988, Professor für Psychologie und Psychotherapeut. Begegnung mit dem Zenbuddhismus. Seit 1948 im Kreis seiner Mitarbeiter in Todtmoos-Rütte (Schwarzwald) psychotherapeutisch tätig. Gemeinsam mit Dr. Maria Hippius Aufbau des Zentrums für Initiatische Therapie. In der Reihe Herder/Spektrum: „Mein Weg zur Mitte", Band 4014; „Das Tor zum Geheimen öffnen", Band 4027.

Karlfried Graf Dürckheim

Vom doppelten Ursprung des Menschen

Herder
Freiburg · Basel · Wien

Neuausgabe Verlag Herder 1991
Herstellung: Freiburger Graphische Betriebe 1991
Umschlaggestaltung: Joseph Pölzelbauer
Umschlagbild: Kaii Higashiyama, Blaues Abendlicht (1959)

ISBN 3-451-04053-0

Inhalt

III

Seinserfahrungen

IV

Der Weg

V

Das Exerzitium

VI

Der Ruf nach dem Meister

VII

Meditation und meditatives Leben

VIII
Felder der Bewährung

Das Thema

Der Mensch ist zweifachen Ursprungs, er ist himmlischen und irdischen, natürlichen und übernatürlichen Ursprungs. Wir alle kennen den Satz. Aber wer hat gelernt, ihn ernst zu nehmen, ernst als Aussage einer Verheißung, einer Erfahrung und eines Auftrages?

Am „irdischen" Ursprung des Menschen wird niemand zweifeln. Aber die Behauptung, der Mensch sei „himmlischen" Ursprungs, gehört ganz offenbar zu den Sätzen, die nur an den Glauben appellieren. Wie der Gehalt so vieler anderer Aussagen über Urwahrheiten des Lebens verliert auch seine Wahrheit sich am Horizont einer nur säkularen Wirklichkeitssicht in das Dämmerlicht einer Sphäre, die, offensichtlich einem Traumland zugehörig, mit der „Wirklichkeit", die wir zu fassen vermögen, nichts mehr zu tun. Aber es ist anders.

Die Wirklichkeit, in der wir und aus der wir faktisch leben, und aus der wir auch bewußt leben sollten, reicht über die Sichtweise hinaus, in der das Selbst- und Weltbewußtsein des „natürlichen" Menschen sich begreift und bewegt. Der Satz vom doppelten Ursprung des Menschen spricht mit aller Deutlichkeit und Schlichtheit aus, was ist und was dem Menschen wahr-zunehmen gegeben und aufgegeben ist. Wo der Mensch aufgehört hat, seine Wahrheit im Innesein zu haben und ihr gemäß zu leben, wird er krank, böse oder traurig.

In der Entwicklung des Menschen wird zunächst nur der endliche Ursprung, der weltbedingte, wirksam und das, was mit ihm zusammenhängt, ernst genommen, ausgebaut und festgehalten in einer Weise, die erst einmal alles in den Schatten rückt und verdrängt, was aus dem unendlichen Ursprung kommt. Die Lösung der hier entstehenden Spannung zwischen dem irdischen und dem himmlischen Ursprung des Menschen, und zwar ihre schöpferische Einlösung, nicht eine faule Auflösung, ist das Grundthema des menschlichen Lebens und der Sinn des inneren Weges.

Es gehört zur Natur des Menschen, daß er – das ist sein Schicksal – „vom Baum der Erkenntnis ißt" und sein rationales Ich-Welt-Bewußtsein nicht nur entwickelt, sondern sich darin festsetzt. Damit stellt er sich aus der Ureinheit des Lebens heraus. Aufgrund dieser Absonderung findet er sich in einer „Wirklichkeit", die er, um zu bestehen, nun auf eigene Füße gestellt, selber zu meistern und zu gestalten hat. Sein ursprüngliches Wesen, darin ihm als Verheißung, Erfahrung und Auftrag eingeboren ist, eine individuelle Weise des unendlichen Ganzen zu sein, ist ihm erst verborgen, denn er hält sich nun als Ich in der Welt mit dem, was er hat, kann und weiß – weiß aber nichts von dem, der er vom Wesen her ist. Aber in diesem bleibt mächtig als sein eigentlicher Kern das Ur-Eine, das ihn ewig rückbindet und heimzieht, zugleich aber vorantreibt, es wiederzufinden und zu bezeugen in einem höheren Selbst.

Langsam nur löst sich der Mensch, um ein Mensch zu werden, aus der Macht der bloßen Natur – entwickelt erst das primäre Ich, das, nur auf seine Sicherheit und Lust bedacht, sich durchsetzt, und dann die „Persönlichkeit", die ihn wertbezogen und dienstbereit macht und Herr ist über seine Gefühle und Triebe. Aber alles, was der Mensch, einmal eigenständig geworden, von sich aus und aus eigener Kraft und Verantwortung tut, bleibt im Segen nur, wo er bewußt oder unbewußt in Fühlung bleibt mit der in seinem Wesen anwesenden Ureinheit des Lebens. Doch in menschlicher Weise wahrhaft schöpferisch wird sie nur, wo der Mensch sich selbst in ihr entdeckt und, aus ihr neugeboren, sich von ihr löst, um dann in der Weise und Sprache seines menschlichen In-der-Welt-Seins und -Handelns als wahres Selbst, in Freiheit Zeugnis abzulegen von ihr.

Für viele Ohren mögen solche Sätze recht „mystisch" klingen. Aber das Wort „mystisch", das gestern noch soviel bedeutete wie: nicht objektiv, rein subjektiv, unwirklich, abseitig, nicht ganz ernst zu nehmen, Privileg einer kleinen Schar abwegig Begabter, gewinnt im zukunftsträchtigen Menschen unserer Tage einen völlig anderen Klang. In ihm klingt nämlich die zentrale Wirklichkeit unseres Menschseins an.

Eine uns jahrhundertelang beherrschende Anthropologie erweist sich als zu eng. Sie reduziert die Ganzheit des Menschen auf das, was er kraft seiner fünf Sinne, seiner Ratio, seiner Zugehörigkeit zu einer Gemeinschaft und in seiner Bindung an weltliche Werte und Ordnungen ist. Was darüber hinausgeht, ist „transzendent" und Sache des Glaubens. Gewiß, es ist transzendent, insofern es den Horizont des natürlichen Welt-Ichs überschreitet. Aber das eben müssen wir lernen, uns zuzugestehen, daß der Kern des Menschen selbst den Ich-Horizont überschreitet, ja daß die ihm immanente Transzendenz sein *Wesen* ausmacht. Und noch eins kommt heute hinzu: dies Wesen, die uns einwohnende Transzendenz, hört auf, eine Sache nur des Glaubens zu sein. Sie tritt in den Kreis der Erfahrung und wird zum Wissen. Wo das geschieht, da scheiden sich die Geister. Und damit ist ein neues Zeitalter angebrochen!

Eine neue Generation ist dabei, die Tore zu einem Leben aufzustoßen, das aus der ins Bewußtsein drängenden Präsenz des überweltlichen Seins kommt. Dies geschieht heute mitten in dieser in ihrer Seinsferne verdorbenen Welt. Auch in dem knallharten, scheinbar so respektlosen Realismus heutiger Jugend verbirgt und offenbart sich zugleich die Gewalt einer Sehnsucht, die um des insgeheim und oft unbewußt Gesuchten willen alles zu zerstören bereit ist, was sich ihm, einfach weil es scheinbar so unumstößlich da ist, in den Weg stellt.

Die Welt der Erzieher, Therapeuten und Seelsorger steht heute der zukunftsträchtigen Generation gegenüber vor Problemen, auf die sie in keiner Weise vorbereitet wurden. Aufgewachsen in einer Zeit, in der die Autorität der Vorgesetzten noch mehr oder weniger tabu war und das zu übermittelnde „Geistesgut" noch unbestritten, bildeten die ihnen zur Ausbildung und – wie sie meinten – auch zur Erziehung und Bildung Anvertrauten im Grunde kein wirkliches Problem; denn man wußte ja, was dem potentiellen Zeugnisträger und Examenskandidaten, dem potentiellen Funktionär und Leistungsträger und dem potentiellen

Gesellschaftsglied und Glaubensträger zu lernen not tut. Es war vorgezeichnet, was zu wissen dienlich, zu können notwendig und zu glauben aufgegeben war. Diese Zeit ist vorbei – denn es geht der nachwachsenden Generation gar nicht mehr primär um das, was man hat, weiß oder kann, sondern um den, der man *ist.* Es geht ihr darum, der sein zu dürfen, der man eigentlich, das heißt vom Wesen her ist. Und was diese zukunftsträchtige Jugend im Grunde bewegt, ist eine Ahnung von ihrem unendlichen Ursprung und der Zorn, ihr das Wissen um ihn und den Zugang zu ihm vorenthalten zu haben. Und da stehen nun die Verantwortlichen von gestern dem eigentlichen Verlangen der Neuen Zeit, die die Neuzeit ablöst, mit leeren Händen gegenüber! Nur wenigen der „Alten" ist ihr eigenes Wesen aufgegangen in jener Kraft und Eindeutigkeit, die die Grenzen ihrer alten Anthropologie sprengt und sie auch von dem Verhängnis eines schlechten Gewissens befreit, das so viele dort befällt, wo sie von den ihnen überlieferten und auferlegten Formeln und Bildern des Glaubens abweichen. Oft aber stehen sie für den durchdringenden Blick der Jungen nicht nur mit leeren Händen, sondern auch als leere Hüllen da, nicht etwa, weil sie schlecht und ohne Verdienst wären, sondern weil sie, auch als wohlverdiente, gesetzestreue, wertbezogene und sich wohlverhaltende Bürger existentiell ohne Boden, Wurzeln und Saft sind, das heißt, keine Ahnung von ihrem himmlischen Ursprung haben, geschweige denn um ihn wissen und aus ihm heraus fühlen, denken und leben. So rebelliert heute eine verheißungsvolle Zukunft gegen eine vergangenheitsschwere Gegenwart. Aber zögernd nur setzt das Neue sich durch.

Wann hört schon z. B. ein Priester, der die Beichte abnimmt, daß einer sich schuldig bekennt, weil er „treu" in der Ordnung seiner Gemeinschaft verharrte, obwohl er doch den Ruf, den übernatürlichen, vernahm, der ihn über sie hinausrief und verpflichtete, sie zu verletzen? Gewiß bedeutet es schon einen entscheidenden Schritt in der Entwicklung des Menschen, wenn er kraft seines gegenständlichen und wertempfänglichen Bewußtseins jenen Geist zu entfalten vermag, der ihn zum Herrn seiner Triebe und Gefühle und seines egozentrischen Ichs macht und zum Dienst in der Gemeinschaft und zum Wahren ihrer Ordnung befähigt. Der Verstoß dagegen bildet die irdische Sünde. Aber wenn er sich in den Wertordnungen der Welt festsetzt, kann er, wird er von woanders gerufen, in die schwerere Sünde geraten: in die Sünde gegenüber dem überweltlichen LEBEN.

Der „himmlische Ursprung" meint, daß wir nicht nur Kinder dieser raumzeitlichen Welt, sondern zugleich Bürger im überweltlichen Reich Gottes sind. Das klingt wie ein frommer Satz! Aber die großen Wahrheiten des Lebens bedürfen immer, um aufgenommen zu werden, eines frommen Gemütes, denn dieses allein ist dem aufgeschlossen, das heißt für das Wissen begabt, das den Horizont des Verstandes übersteigt, das ja seiner Natur nach dem rational nicht faßbaren LEBEN verstellt ist. Daß der Satz vom himmlischen Ursprung und seine Wahrheit irgendwann einmal im Leben eines Menschen blutiger Ernst werden könnte, die Erkenntnis seiner Wahrheit ihn als eine unerhörte Verheißung und Verpflichtung plötzlich packen, umwerfen und völlig neu anzufangen heißen könnte, wer ahnt das? Daß das, was wir dem Wesen nach sind, uns einmal als Erwachen zu einer anderen Wirklichkeit innewerden kann, so, daß es uns an den Anfang eines neuen Lebens setzt, wer von den Eltern, Erziehern, Führern unserer Jugend weiß etwas davon? Aber es ist so. Wir müssen zu dem hin, was bzw. wer wir in unserem *Wesen* sind. Dazu müssen wir dem, was wir nur als Weltkinder sind, ersterben, um zu dem, der wir aus dem Überweltlichen sind, neu geboren zu werden. Das ist ein unerhörtes Faktum, das jedoch zum *Urwissen* der Großen Traditionen und der meisterlichen Menschen gehört. Dazu ist der Mensch angelegt, jeder Mensch im Grunde seines Wesens – ob einer freilich dazu berufen ist, es zu vernehmen, oder gar zu den Auserwählten gehört, die es im vollen Sinne erfahren und vollziehen dürfen, das ist eine andere Frage. Aber die Zeit ist gekommen, die Geister zu unterscheiden – und einer immer größer werdenden Zahl die Möglichkeit zu dieser Unterscheidung zu geben –, damit die, die dazugehören, im Mut wachsen, sich von Bildern und Formeln zu befreien, in denen zwar vorausgehende Stufen des Geistes am Geheimnis teilhaben, die aber die volle Wahrheit verdunkeln und die Entwicklung eines Menschen aufhalten, der zur Möglichkeit einer übernatürlichen *Erfahrung* einer Wirklichkeit herangereift ist, die bislang nur im Glauben des natürlichen Menschen ihren Platz hatte.

Die Zeit ist gekommen, da das verborgene Sein hevortritt im Bewußtsein des Menschen und die Wände einreißt, die es im Menschen verstellten, das heißt ihn verhinderten, es vollbewußt in seine Erfahrung aufzunehmen. Was der Mensch hier dann mit dem Wesensauge sieht, unterscheidet sich von dem, was er mit dem natürlichen Auge erkennt, wie das Bild, das das Röntgenlicht aufschließt, sich von dem Bild unterscheidet, das das gewöhnliche Auge sieht, das die Haut nicht durchdringt. Dies Auge sieht ja schon die Aura nicht, die, als Zeuge der Teilhaftigkeit am kosmischen Schwingungsgefüge, den lebendigen Leib alles Lebendigen umgibt.

Die neue Sicht ist dreierlei: *Erfahrung, Verheißung* und *Auftrag.* Der Mensch kann dazu *ja* sagen oder *nein.* Darin besteht seine Freiheit, die einzige Freiheit, die er hat! Er kann die Möglichkeit, die sich ihm, wenn das Wesensauge aufgeht, erschließt, aufgreifen oder vertun, er kann das „Unmögliche" annehmen oder sich im Möglichen verkriechen. Er kann sich dem Zweifel ausliefern oder den schöpferischen Glauben, der nun aufbricht und das Unmögliche möglich macht, entbinden. Das Vertrauen in die schöpferische Kraft des verwandelnden, von einer Seinserfahrung entbundenen Glaubens ist kein kindliches Unterfangen, aber ihn dort, wo er erwacht, nicht zuzulassen, ist Verrat an unserem himmlischen Ursprung. Denn in der Welt soll der Mensch Gottes Werk in menschlicher Weise vollenden.

Das Thema ist gestellt:

Wir sind himmlischen Ursprungs, sind Kinder nicht nur der Welt, sondern Gottes und von daher zur Mündigkeit aufgerufen. Wir sind Brüder Christi in unserem Wesen und teilhaftig seines Reiches, das nicht von dieser Welt ist.

Wir sind berufen, Person zu werden, das heißt, so zu werden, daß das *Wort,* das uns innewohnt wie allen Dingen, hindurchtönen kann in die Welt. Wir sind gerufen, so zu werden, daß wir fähig sind, seine überzeitliche Gegenwart zu erweisen und fruchtbar werden zu lassen in Raum und Zeit.

Wir sind begabt und befähigt, nicht nur an unseren unendlichen Ursprung zu glauben, sondern seiner innezuwerden in besonderer Erfahrung und einem von dort her kommenden Rufe gehorsam, den Weg in eine Verwandlung zu gehen, kraft derer wir fähig werden, mitten in der Welt unseres natürlichen Ursprungs von dem Reich unseres himmlischen Ursprungs zu zeugen. Aber all dieses ist uns so lange verstellt, als das uns innewohnende Licht in der Dunkelheit eines nur das gegenständlich Fixierbare anerkennenden Geistes und eines mittelalterlichen Sündenbewußtseins verstellt ist. Wir müssen den Mut haben, das Licht der Verheißung zu sehen; denn einem jeden ist gegeben und, hat er die nötige Stufe, auch aufgegeben, sich seiner Gotteskindschaft innezuwerden. Damit sie im Herzen aufgehen kann, bedarf es nur jener Nüchternheit, die die Angst erzeugende Benebelung durch den Verstand verscheucht und zulassen kann, was der Kopf nie begreifen und der Wille nie machen kann. Die große Verheißung als Auftrag leben zu dürfen, ist Quell und Sinn des inneren Weges, des Weges, auf dem das unendliche Sein des Menschen verpflichtendes Innesein wird und Gestalt gewinnen kann in unserem endlichen Dasein.

I

Vom zweifachen Ursprung des Menschen

Zweierlei Leiden – Zweierlei Glück

Es gibt zweierlei Leiden und zweierlei Glück. Darin erscheint die zwiefache Herkunft des Menschen. Es gibt das Leiden unter den Bedrohungen, Ungerechtigkeiten und Grausamkeiten dieser *Welt* und unter dem Ungenügen, dem allen nicht in der rechten Weise gewachsen zu sein. Und so gibt es das Glück im Erfahren von Sicherheit, Sinn und Liebe in dieser Welt. Etwas anderes sind Glück und Leiden des Menschen aus seinem Einssein oder Nicht-Einssein mit seinem überweltlichen *Wesen.* Es gibt das Leiden aus der Getrenntheit vom Wesen. Und es gibt ein Glück aus dem Einssein mit dem Wesen mitten in der Gefährlichkeit, Sinnwidrigkeit und Einsamkeit der Welt, das Glück im Erleben einer geheimnisvollen Präsenz, die das Leiden unter der Welt verwandelt und aufhebt. Im Glück und Leiden des allseits bedingten *Welt-Ichs* erscheint der irdische Ursprung des Menschen. Im Glück und im Leiden, die aus dem Einssein oder Nicht-Einssein mit dem Wesen herstammen, erscheint der überweltliche Ursprung des Menschen, der in ihm verborgene Gott.

So gibt es auch zwei Weisen, heil zu sein. Die eine kraft psychophysischer Gesundheit, rechter Funktionstüchtigkeit für die Welt, die andere kraft des Einsseins mit dem Wesen auch *im* Ungenügen gegenüber der Welt. Jenem dient die *pragmatische* Therapie, sei sie Physio- oder Psychotherapie, diesem die *initiatische* Heilkunst. Jene ruft den Arzt und den Physiotherapeuten auf den Plan, diese dagegen eine Führung auf dem Weg, wie sie lebendig ist in der Tradition der *Meister.* In der Fortsetzung dieser bislang mehr im Fernen Osten als im Westen lebendigen Tradition liegt eine Zukunftsaufgabe unserer Zeit: die Wiederentdekkung des mit „mystischen“ Erfahrungen anhebenden inneren Weges – nicht mehr nur als Privileg einzelner und Aufgabe kleiner und geheimer Gesellschaften und esoterischer Zirkel, sondern als eine weltweite Bewegung all derjenigen, die dazu reif sind.

Die Anerkennung des Leidens an sich selbst als wirkliches Leiden, ja, als das eigentliche und wesentliche Leiden des Menschen, bedeutet eine Wende in der Auffassung, Beurteilung und Wertung dessen, was „menschliches Leben“ eigentlich meint; denn erst, wo dies Leiden ernst genommen wird, zeigt sich, was Menschsein als Chance, Auftrag und Verheißung bedeutet. Die Bezogenheit auf Leistung wird, wo sie sich absolut setzt, als verhängnisvoller Irrtum deutlich. Die Erkenntnis der Bedeutung des inneren Leidens kann wirken wie ein Blitz, der die im Dunkeln liegende, eigentliche Lebenslandschaft des Menschen in einer Weise erhellt, die zu einer totalen Umstellung des Lebens auffordert: Bisher sah der Mensch nur, wie sehr er unter der Welt leidet; im Leiden an seinem Nicht-eins-Sein mit seinem Wesen kann es ihm nun mit einem Male dämmern, daß die Wurzel dieses Leidens die Verdrängung seines göttlichen Kernes ist.

Welt-Ich und Wesen

Solange ein Mensch bis ins Zentrum seines Existenzgefüges allein in seinem natürlichen Welt-Ich verankert ist, hat alles seine Grenze, seinen Sinn und seine Bedeutung mit Bezug auf dieses Ich: der Horizont des Wirklichen, die Dinge, die Werte, Mitmensch und Gemeinschaft und auch Gott. Die Zentrierung des Lebens im Welt-Ich beherrscht den Menschen der Neuzeit. Daß aber das Zentrum, in dem im Grunde alles verankert ist und auf das hin sich letztlich alles bezieht, daß die eigentliche Achse, um die sich alles dreht, nicht das Welt-Ich ist, sondern das uns in unserem Wesen eingeborene überweltliche Sein, das den Horizont des Ichs transzendiert, war zu einer Angelegenheit des Glaubens geworden oder ganz in Vergessenheit geraten. Mit der Anerkennung der alles verwandelnden *Erfahrung* des Wesens, d.i. der Weise, in der wir teilnehmen am überweltlichen Sein, geht die Neue Zeit auf, für jeden einzelnen, der diese Erfahrung macht, und heute für eine ganze Generation.

Für den Christen kann dies bedeuten, daß der Mensch also nicht nur das weltbedingte Ich, also nur im „Fleische" ist, sondern auch im „Geist", das heißt als ein unbedingtes Wesen zugehörig einem Reich, das nicht von dieser Welt ist. Der Kerngehalt jeder Erfahrung des Wesens ist ein Ereignis der Seele, darin das unendliche Geheimnis, das zeugende Wort in uns, das heißt Christus als Mitte des bewußten Lebens offenbar wird. Und das ist dann keine Sache des Glaubens mehr, sondern Frucht der alles verwandelnden Erfahrung, in der ein überweltliches Sein eine leiderfüllte Daseinsordnung aufhebt. Mit dieser Wendung beginnt dann die Neue Zeit.

Als ein noch nicht Gewandelter glaubt der Mensch, sobald er seine primitive Natur überwunden hat, an sich selbst als an ein eigenständiges Subjekt, das sich in seinem Erkennen „objektiv" und in seinem Handeln autonom vorkommt. Er macht das Erlebte zu Tat-Sachen. Was er wahrnimmt, wird für ihn zum Objekt, Gegenstand seines Denkens, Ziel seines Wollens, ihm gegeben zu seinem Nutzen und aufgegeben zu eigenmächtiger Gestaltung. Alles wird ihm zum Gegenstand oder Gegenspieler, auch der andere, auch das Du, auch Gott. Alles wird als gut empfunden oder schlecht, je nachdem, ob es sich fassen läßt im Sinn der eigenen Vorstellung von dem, was wirklich ist, gut oder böse.

Wenn aber einmal der Mensch zu seinem Wesen durchbricht, die Grenzen seines Ichs überspringt und vom Wesen her neu geboren wird, schwindet der Wahn, daß er der Herr ist, dem alles untertan ist. Wenn er zu dem wird, der er im Grunde ist, dann fühlt er sich einem Anderen, einem Höheren zugeordnet, der ihn über alle Not und Bedingtheit der Welt hinweg erhält, richtet und ruft und ihn in einem neuen Sinn frei macht und mächtig gegenüber der Welt. Im Grunde war er das immer und ist es jenseits der Zeit, ist es in seinem Wesen, seinem göttlichen Ursprung, aus dem er nie herausfällt und im Verborgenen seines Welt-Ichs auch bleibt. Die Frage ist nur, wann er sich darin entdeckt, denn als Bewußtseinswesen „ist" er, was er ist, wirklich nur in der Weise und dem Maße, als er sich seiner selbst inne wird. Mit dem Innewerden des Wesens erkennt der Mensch sich als Bürger zweier Welten: dieser raumzeitlich begrenzten und bedingten Welt und einer anderen, überraumzeitlichen, unbedingten Wirklichkeit. Beide Seiten gehören zur Ganzheit des Menschen. Sie je in ihrem Anliegen zu erkennen und zuzulassen, ihre Gegensätzlichkeit zu durchleiden, zuletzt ihre Integration zu ermöglichen und eben darin Voll-Person zu werden, das ist Auftrag und Sinn des *inneren Weges* (II)*.

* Diese Zahlen weisen hin auf die im Anhang aufgeführten Veröffentlichungen des Autors, in denen das laufende Thema eine ausführlichere Darstellung findet. In einzelnen Fällen wurden auch kleine Abschnitte, meist stark überarbeitet, übernommen.

Zwischen Wesen und Welt

Der natürliche Mensch schafft sich in seinem raumzeitlich bestimmten und begrenzten Dasein Bedingungen, die seinen Bestand in der Welt sichern, aber zugleich die Auszeugung seines Wesens gefährden. Die Fertigkeiten und Kräfte, die der Mensch braucht, um in der Welt glücklich zu bestehen, sind andere als die, deren er zur Wahrnehmung seines Wesens bedarf. Die Ausbildung der Weltkräfte behindert weithin die Gestaltung und Vollendung seines Lebens aus dem Wesen. Die Bindung an die Welt bedroht das Einssein des Menschen mit sich selbst. So vollzieht sich die Verwirklichung unserer Daseinsgestalt unter Umständen, deren Mächtigkeit eine ewige Spannung zwischen dem vom äußeren Schicksal bedingten *Lebensleib* und der ihm innewohnenden und zur unbedingten und reinen Auszeugung und Bekundung aufgegebenen *Wesensform* erzeugt. Der *Schicksalsleib* ist ein Produkt der Welt. Das *Wesen* ist nicht von dieser Welt. So ist das Leben eine nie endende Auseinandersetzung zwischen der uns eingeborenen überweltlichen Wesensform und unserem jeweiligen, unter den Bedingungen der Welt gewordenen Schicksalsleib, in den vom Wesen zunächst nur eingeht, was die Welt zuläßt. Die Ineinandersetzung von Schicksalsleib und Wesensform ist von Kindheit an das Thema menschlichen Reifens.

Von früh bis spät ruft die Welt uns nach außen. Das Wesen ruft uns fortgesetzt von innen und nach innen. Die Welt verlangt von uns Wissen und Können; das Wesen, daß wir das Gewußte und Gekonnte immer wieder im Dienst des Reifens vergessen. Die Welt verlangt von uns, daß wir fortgesetzt etwas machen.

Das Wesen verlangt von uns, daß wir das, was wir zutiefst selber sind, einfach nur zulassen. Die Welt treibt uns, ohne je Ruhe zu geben, zur Leistung und hält uns in Atem, auf daß wir zu etwas Feststehendem kommen, eine Stellung gewinnen und sie halten. Das Wesen verlangt von uns, daß wir, ihm zugewandt, nirgendwo haften, auf daß wir uns nicht im Feststellen und Stehenbleiben verfehlen. Die Welt hält uns an zum Reden und unablässigen Wirken. Das Wesen verlangt, daß wir stille werden und selbst das Tun tun, ohne zu tun. Die Welt zwingt uns, an Sicherungen zu denken. Das Wesen ermuntert uns, uns ständig aufs neue zu wagen. Die Welt fügt sich uns, wenn wir sie fixieren und begreifen. Das Wesen öffnet sich uns, wenn wir es nicht feststellen und das Unbegreifliche aushalten. In der Welt suchen wir Sicherheit. Die Tragkraft des Wesens bewährt sich, wenn wir das, was uns in der Welt sichert und hält, preisgeben können. Nur wenn wir das, was uns in der Welt reich macht, immer aufs neue lassen, wird uns das Wesen immer aufs neue beschenken. In der Welt suchen wir das gesicherte Dasein und das Abgeschirmtsein gegen den Schmerz. Das Reifen aus dem Wesen geht über Unsicherheit und den Schmerz hinweg, wächst aus dem Leiden und bringt seine Frucht erst im Sterben (VI).

Es steht der Mensch in einem doppelten Auftrag: die Welt zu gestalten im *Werk* und zu reifen auf dem inneren *Weg*. Die Welt verlangt vom Menschen, daß er sich in ihr leistungskräftig durchsetze und einordne, daß er sich in ihr zuverlässig und gestaltungsmächtig im Dienste der Gemeinschaft und überdauernder Werte bewähre. Das in unserem Wesen gegenwärtige Sein verlangt unter Umständen, jedem Anspruch der Welt zu widersprechen und sich gegebenenfalls gegen die Gemeinschaft zu entscheiden. Am Ende einer allein vom Heimruf des Wesens bestimmten Entwicklung steht der Mensch, der dann nicht nur von aller Weltabhängigkeit befreit ist, sondern sich auch vom Zwang aller Weltverpflichtung entbunden hat. Gelöst von aller Welt, eingegangen ins Sein, hörte er mitten unter uns auf, ein Mensch zu sein. Etwas von der Sehnsucht dahin ist in jedem Menschen enthalten. Es ist die *östliche* Sehnsucht. *Westlicher* Lebenswille ist dem entgegengesetzt. Er bewährt sich in der Welt, kann sich aber auch in ihr verlieren. *Christliches* Leben übergreift und verbindet östliche und westliche Sicht, denn es will, daß der Mensch seinen himmlischen Ursprung wahr-nehme, aber ihn mitten in der Welt seines irdischen Ursprungs bezeuge. Der innere Weg führt dann nicht aus der Welt heraus, ist überhaupt nicht feindlich gegen das „Außen" gerichtet, denn er meint das Innen von allem, also auch das Innen der Welt und aller Dinge. Die Erfahrung des Einswerdens mit dem Sein im Wesen ist ein Widerspruch zum In-der-Welt-Sein nur, so lange noch das Innen nicht auch im Außen geschaut wird. Die Verankerung im Wesen ist kein Widerspruch zu den Forderungen der Welt, sondern gerade die Voraussetzung, ihnen in der rechten, das heißt dem Wesen gemäßen Weise zu genügen. Erst aus der Fühlung mit dem Wesen *in uns* kann die Welt selbst in *ihrem* Wesen wahrgenommen werden. „Wär' nicht das Auge sonnenhaft, nie könnt' die Sonne es erblicken." Doch das Sonnenauge ist uns eingeboren, es ist das Himmelsauge. Wir müssen lernen, es zu öffnen. Das Himmelsauge durch-schaut die sich im Erdauge spiegelnde Welt auf den Himmel in ihr. Aber das Erdauge projiziert ihn aus ihr heraus und macht aus der ihr einwohnenden Unendlichkeit das ihr ferne Himmelszelt.

Inbild und Inweg

Nie will der Mensch nur leben, um zu überleben. Er will als ein bestimmter Jemand in einer bestimmten Gestalt seiner selbst und seiner Welt sich seinem Wesen gemäß darleben und vollends verwirklichen. Und ob er es weiß oder nicht, im Grunde möchte er immer so werden, daß er das in seinem Wesen anwesende überweltliche Sein bezeugen kann, und dies trotz aller Bedingtheit seines weltlichen Daseins. Wo ist in unserer Erziehung und Menschenführung je davon die Rede?

Aus dem ihm eingeborenen Wesen heraus erfährt der Mensch einen nie nachlassenden Drang, eine in seinem Gewissen lebendige Verpflichtung und ewige Sehnsucht zur Verwirklichung seines Kernes in einer ganz bestimmten Gestalt, in der das in seinem Wesen anwesende Sein unverstellt hervorkommen kann. Das aber wäre nur möglich, wenn es vollen Einklang geben könnte zwischen dem, der ein Mensch kraft seines göttlichen Ursprungs, das heißt vom Wesen her ist und auch in der Welt sein möchte, und dem, der er als Bewußtseinswesen unter den Bedingungen der Welt wird und jeweils sein muß und nur sein kann.

Was sich in allem Wandel und allem Werden als Drang, als Sollen und als Sehnsucht zu einer bestimmten Gestalt als individueller und konstanter Faktor, als unbezweifelbare Realität erweist, ist das uns im Wesen innewohnende *Inbild.* Das Inbild ist unser Wesen, verstanden als die uns unbeirrbar zu einer bestimmten Lebensgestalt hindrängende, verpflichtende und unsere Grundsehnsucht bestimmende Werdeformel, verstanden aber zugleich als der dem Menschen eingeborene *Weg*. Das *We-*

sen ist im Grunde also mehr *Inweg* als Inbild. Es ist der Weg, auf dem allein ein jeder in einer gesetzlichen Folge von Stufen und Schritten sein Leben in seiner Wahrheit erfüllen kann. Das Wesen eines Menschen *ist* der ihm eingeborene Weg, ist seine Wahrheit und sein Leben, ist es als Verheißung und Auftrag; seine Erfüllung ist der Sinn seines Daseins (X, 1).

Transzendenz

Die nachdenklich werdenden Menschen unserer Zeit sind immer zurückhaltender geworden mit dem Aussprechen des Wortes „Gott". Nicht, weil sie von Gott nichts mehr wissen oder wissen wollen, sondern gerade dann, wenn sie wieder anfangen, etwas von Gott zu ahnen. Dann nämlich erscheint ihnen jedes Wort, das das Geheimnis gleichsam einfängt, zu einem Etwas oder „Jemand" macht, zu klein, ungemäß, ja widersinnig. Und so kommen andere, neutralere Worte ins Spiel, z.B. „Transzendenz".

Wenn wir in diesem Buch von Transzendenz sprechen, was meinen wir damit? Wir meinen das den Horizont unseres natürlichen Wissens und Fühlens in unbegreiflicher Weise *Überschreitende*, meinen das unfaßbare, all unser Leben durchwirkende WESEN aller Wesen, das überweltliche, übergegensätzliche Sein. Wir meinen das LEBEN, das Große Leben, das jenseits ist von Leben und Tod. Wir meinen das allbeseelende WESEN, an dem wir in individueller Weise teilhaben in unserem eigenen Wesen, das LEBEN, aus dem und in dem wir *sind*, in dem und aus dem allein wir wirklich wir selbst werden können, das LEBEN, das uns immer von neuem heimnimmt und wieder hervorbringt und das als unser Lebensquell, Sinnzentrum und wahre Herkunft in uns und durch uns erscheinen will als die wahre Person und offenbar werden in unserem Leben, das heißt in unserem Erkennen, Gestalten und Lieben in der Welt.

Wir sprechen von diesem Transzendenten nicht aufgrund eines überlieferten Glaubens, sondern aufgrund von Erfahrungen, in denen uns unabweislich und über jeden Zweifel hinaus eine ganz andere Dimension anrührt. Das sind Erfahrungen, in denen das Sein den Menschen in seiner überweltlichen Fülle, Gesetzlichkeit und Einheit anrührt, anruft, befreit und verpflichtet. Dies Sein erfahren wir vom Ich her als ein Du. Freilich, im rationalen Bewußtsein, in dem der Mensch sich selbst als den Erlebenden nach Kräften aus dem Erlebten herausnimmt, rührt ihn gar nichts mehr an. Im unmittelbaren Erleben aber mutet alles, was wir vom Ich her erleben, uns an als ein Du, so auch das Transzendente. Wenn wir als erlebendes Ich mit dem Erlebten verschmelzen, verliert alles seinen Charakter als Du. So wird es im rationalen Wahrnehmen zu einem „Etwas" – im Einswerden des mystischen Erlebens wird es zu Nichts. Aber hinterher spricht aus der Gewalt des Erlebten das Große Du.

Wenn wir im unmittelbaren Erleben Transzendenz als Du erfahren, warum sprechen wir dann aber nicht einfach von Gott? Weil für den wahrhaft Betroffenen und Suchenden unserer Zeit die Erneuerung des religiösen Lebens erschwert, ja oft sogar gefährdet wird, wenn die uns heute neu geschenkten Urerfahrungen des Göttlichen alsbald in einem Wort festgehalten werden, das bestimmte theologische Begriffe oder religiöse Formeln ins Bewußtsein ruft, deren Entleerung die Glaubenskrise unserer Zeit herbeigeführt hat. Darum sprechen wir wechselweise von der anderen Dimension, vom überweltlichen Leben, vom göttlichen Sein, dem überraumzeitlich Wirklichen, dem Absoluten, dem Großen Leben, oder schreiben LEBEN mit fünf großen Buchstaben, aber meinen damit immer doch nur das eine unendliche Geheimnis, das uns in unserem Wesen innewohnt, dessen sich bewußt zu werden und dessen Diener und Zeuge zu sein die Bestimmung des Menschen ist (XI).

Es ist das Schicksal des Menschen, sich seiner selbst bewußt werdend, aus der Geborgenheit im Sein herauszufallen. Aber es ist seine Chance, im Leiden an der Trennung das, was er im Grund ist, ein Kind des Seins, in einem höheren Bewußtsein neu zu entdecken. Erwachsen werdend, verliert der Mensch seine Urheimat aus dem Sinn. Als ein Gereifter findet er sie auf höherer Ebene zurück. Er findet sie wieder, wo er vom Geheimnis seines Wesens so berührt wird, daß er es wahrnimmt, und dann tut sich ihm in heimatlich beglückender, befreiender und verpflichtender Weise sein himmlischer Ursprung neu auf. Auf dieses

Wahrnehmen kommt es heute an. Dazu aber bedarf es eines neuen Bewußtseins. Die Notwendigkeit dieses neuen Bewußtseins wird heute immer stärker empfunden. Gerade in einer immer sachlicher und unpersönlicher werdenden Atmosphäre gewinnen personal bedeutsame Erlebnisse an Gewicht. Sie sollten gebührend Beachtung erzwingen. Doch werden wir uns dessen bewußt, wie blitzschnell auch das personal innigste Erleben auf die Ebene des sachlich registrierenden und einordnenden Bewußtseins geworfen und damit seiner Fruchtbarkeit beraubt wird! So bleibt das „ungegenständliche" Bewußtsein unentwickelt und dem Menschen sein wichtigstes Instrument zum Voranschreiten auf dem inneren Weg verwehrt. Dieses Instrument, das wesensgemäße Bewußtsein, zu finden steht als Aufgabe am Anfang des inneren Weges.

Zweierlei Wissen

Es gibt ein zeitbedingtes und ein überzeitliches Wissen. Das Wissen, das der Beherrschung der Welt dient, entwickelt sich stetig weiter. Eine Erkenntnis überholt die andere. Was gestern entdeckt wurde, genügt heute nicht mehr. Aber das Wissen eines Laotse ist eine Weisheit, die heute so gültig ist wie zu seiner Zeit. So gibt es ein Welt-Wissen, das sich im Fortschritt entwickelt, und ein Urwissen um das Wesen und seinen Weg, das zeitlos ist.

Das ewige Weisheitsgut der Menschheit bezieht sich auf das Wesen im Menschen, auf sein inneres Werden und auf sein Verhältnis zum überweltlichen Leben. Da ist etwas lebendig und überliefert, das unabhängig ist von Raum und Zeit. Es ist etwas, das sich zwar immer im Gewand raumzeitlich bedingter Erscheinungen, Gegensätze und Entwicklungsstufen sowohl bekundet als auch verhüllt – aber doch als das Eine, als das überraumzeitliche Leben durch alle Schalen hindurchschimmert. Dieses überzeitliche Wesen aller Dinge, das ewig Maßgebende, aber Verborgene, das für den, der das Wesensauge hat, doch durch alle Erscheinungen hindurchleuchtet, ist in einem Ur-Wissen und Ur-Gewissen enthalten, das dem Menschen eingeboren und unbewußt zu eigen ist und zu dem er erwachen kann in besonderen Erfahrungen. Dem Mikroskop des Verstandes, auch des schärfsten, ist es verschlossen, denn dieser schaut immer in der verkehrten Richtung.

Es gibt auch das sich in Erfahrungen erneuernde Urwissen um die Bedingungen, unter denen das Sein sich im Menschen verhüllt, wie auch um die anderen, unter denen es in ihm wiederum hervortreten, bewußt werden und durch ihn Gestalt gewinnen kann in der Welt. Dies Wissen begegnet uns im erleuchteten Wissen der Weisen und Meister, im Kerngehalt der Schöpfungsmythen aller Völker und in der Führungsweisheit der Stifter aller großen Religionen und ihrer maßgebenden Zeugen. In unserer Zeit taucht es auf aus der Not des Menschen, der seinen himmlischen Ursprung vergaß, daran fast zugrunde geht und ihn wiederentdeckt in der Erfahrung seines Wesens, das heißt in der „Transzendenz als Erfahrung".

Das Wissen, das immer nur zeitweilige Gültigkeit hat und im Fortschreiten ist, ist auf die Welt bezogen. Es gründet in der natürlichen Erfahrung, wird eingefangen vom gegenständlichen Bewußtsein und mündet in der Naturwissenschaft und Technik, darin der Mensch die Welt gegenständlich erkennt und seinem Willen entsprechend meistert. Das Urwissen, das die Zeiten überdauert, aber immer neu entdeckt werden muß, bezieht sich auf das Wesen des Menschen, auf seine Not und Verheißung. Es gründet in übernatürlichen Erfahrungen und mündet in der Weisheit, darin der Mensch sich selbst im Sein erkennt und seiner Bestimmung gemäß verwandelt.

Welle, Blatt und Rebe

Um zu erkennen, daß man ein Teil des Ganzen ist, ja daß man selber das Ganze ist in der Weise des Teils, bedarf es eines besonderen Bewußtseins. Man bedarf eines Bewußtseins, das anders ist als dasjenige, darin das Ganze, in dem man ist und das in einem ist, als ein Gegenüberstehendes da ist, von dem man sich selbst als ein von ihm Getrenntes unterscheidet.

Drei Beispiele:

Sagt man zur Welle: „Du bist doch im Meer", antwortet die Welle: „Du sagst es." „Und wo", fragt man die Welle, „fängt denn für dich das Meer an?" „Gleich hier", sagt die Welle, „da, wo mein Schaum aufhört. Ich bin hier, und dort ist das Meer!" Und fragt man dann weiter: „Und du selber, bist du nicht selber eine Welle des Meeres, bist du nicht selbst das Meer in der Weise, in der es als Welle erscheint?", dann mag die Welle das wohl mit dem Kopf *begreifen*, um aber zu spüren, was die lebendige Wahrheit dieses Satzes bedeutet, bedarf es eines Bewußtseins, darin das Meer nicht mehr nur „dort" ist, nicht mehr nur gegenständlich und gegensätzlich als ein Gegenüber vorhanden, sondern aufgehoben in der Schau eines inständlichen Bewußtseins. Erst darin wird sich die Welle ihres eigenen Meer-Seins ungegenständlich *inne*. Erst in diesem Bewußtsein kann ihr bewußt werden, was ihr im gegenständlichen Bewußtsein verstellt ist.

So auch ist es mit dem Blatt und dem Baum. Hat das Blatt von seinem Blattsein nur die Vorstellung, darin es sich abgesetzt sieht vom Baum, dann freilich muß es sich fürchten, wenn der Herbst kommt, es trocknen läßt und endlich wegweht vom Baum, zur Erde fallen läßt und schließlich vergehen zu Staub.

Begriffe das Blatt aber, daß es selber der Baum ist in der Weise des Blattes und daß das alljährliche Leben und Sterben des Blattes zum Baum gehört, dann hätte das Blatt wohl ein anderes Lebensbewußtsein. Aber um das wahrhaft von innen zu erkennen, bedarf es wieder jenes inständlichen Bewußtseins, darin es sich selbst in seinem Wesen als eine Weise des Ganzen wahrnehmen und aufgehen lassen kann, das in ihm lebt. Nur wo es sich selbst auch als Baum fühlt in der Weise des Blattes, wird es ohne Widerspruch und Erschrecken mit allen anderen Blättern das Werden und Entwerden vollziehen, darin der Baum sich in einem ewigen „Stirb und Werde" selbst darlebt.

So ist es auch mit der Rebe am Weinstock. „Ja", sagt die Rebe, „ich hänge am Weinstock. Ich bin die Rebe, und da, wo mein Stiel aufhört, da beginnt dann der Weinstock." So sagt sie, wenn sie wie der noch unerwachte Mensch nur im Schema des „Ich-bin-Ich" und „das-ist-das" Wirklichkeit wahrnimmt. Es könnte der Rebe aber auch einmal ganz von innen her aufgehen, daß der Weinstock ja auch in ihr ist und sie in ihm, ja daß sie teilhat an ihm – ja daß sie selber der Weinstock ist in der besonderen Weise dieser Rebe und daß ihr eigentliches Wesen, ihr Lebensquell, die Wurzel ihrer Gestalt und ihr Zuhause der Weinstock ist, das Ganze also, von dem sie ein Teil ist. Und daß sie erst, wenn sie das wirklich im Innesein hätte, zu dem ihrem Wesen gemäßen Selbstbewußtsein gelangt wäre. Aber dazu eben bedarf es des anderen Bewußtseins.

Der Mensch ist zweierlei Ursprungs – himmlischen und irdischen. Aber nur dann, wenn er sich wie die Welle ihres Meer-Seins, das Blatt seines Baum-Seins und die Rebe ihres Weinstock-Seins *inne* wird als des ihm geheimnisvoll als Leben, Sinn und Heimat transzendent innewohnenden Ganzen – *weiß* er um seinen himmlischen Ursprung, als Erfahrung, Verheißung und Auftrag und braucht nicht mehr nur an ihn zu glauben.

II

Der Mensch unserer Zeit

Im Schatten des Leistungszwanges

„Herr Professor, helfen Sie mir! Bei mir ist der Wurm drin. Ich weiß nicht, was los ist. Ich bin kerngesund, treibe viel Sport, habe Geld wie Heu, im Betrieb und in der Familie ist alles in Ordnung. Ich bin aber geplagt von Angst, ich weiß nicht, wovor, habe Schuldgefühle, ich weiß nicht, wofür, und ich leide unter Einsamkeit, obwohl ich nicht allein bin. Was ist da los?“ Ich frage ihn: „Haben Sie irgendeine Devise des Lebens, in deren Zeichen Sie alles sehen?“

Er antwortete: „O ja, die habe ich. Drei Worte sind's. Hängt bei mir überall im Betrieb: ‚Leistung ist alles!‘“ Ich frage zurück: „So, Leistung ist alles?“ Er wiederholte es mit einem Gemisch von Stolz, Trotz und jetzt doch mit einer gewissen Unsicherheit. Ich frage weiter: „Haben Sie noch nie etwas von einem inneren Weg gehört, der dem Menschen nicht weniger aufgetragen ist als das sichtbare Werk? Haben Sie noch nie etwas von der Notwendigkeit und vom Segen eines innerlichen Weiterkommens gehört, eines inneren Reifens, ohne das es keinen inneren Frieden gibt?“

Bei diesen Worten verdüstert sich das Gesicht meines Patienten, und mit einer zugleich abwehrenden und abwertenden Geste sagt er: „Meinen Sie am Ende Religion oder sonst so was Innerliches? Mein Lieber, dafür hat unsereiner keine Zeit, und damit kann man weder Maschinen bauen noch sich in der Welt durchsetzen!“

Diese Antwort ist typisch und offenbart die ganze Abgründigkeit der Lage. Diese Menschen, oft tüchtige, gebildete, ordentliche und wohlmeinende Menschen, sind derartig im Leistungswahn befangen, das heißt im Wahn, das Leben nur im Zeichen erfolgreicher Leistung bestehen und verantworten zu können, daß sie ernstlich glauben, ihre ganze Innerlichkeit verdrängen zu müssen. Das Ergebnis ist dann ein allein von den Forderungen der Welt ins Geschirr genommenes Leistungstier, das in der Einseitigkeit seiner Ausbildung eine Karikatur dessen ist, was der Mensch eigentlich sein und immer mehr werden sollte: eine Einheit von Leib, Geist und Seele. Könnte man einen solchen Menschen malen, so müßte man ihn darstellen mit einem Riesenkopf, einer aufgeblasenen Brust, stählernen, aber ganz mechanisch funktionierenden Gliedern, die nicht organisch zusammenspielen, sondern künstlich von einem harten Willen zusammengehalten und gesteuert werden. In der Mitte aber, wo das richtende, ordnende und beseelende Zentrum sein sollte, da wäre recht wenig, eigentlich nur ein Hohlraum, in dem, umpanzert von einem ängstlichen und leicht verletzbaren Ich, das eigentliche Wesen ein Schattendasein führt! Der Mensch aber, der diesem Bilde entspricht, ist trotz allem, was er hat, weiß oder kann, ein Kind geblieben. Äußerlich ein Erwachsener, aber innerlich unreif, unbeherrscht und voller Illusionen. Hilflos steht er den Mächten des Schicksals gegenüber und scheitert endlich am Leben, weil er sich selber verfehlt hat. Aus der Atemnot seines vernachlässigten Wesens kommen dann jene Gefühle unbegreiflicher Angst, Schuld und Leere, die heute so mancher erlebt, der, äußerlich gesehen, auf dem Gipfel seiner Entfaltung zu stehen scheint. Die anderen, die sein Inneres nicht sehen, mögen seine Fassade bewundern. Hinter ihr lebt ein unglücklicher Mensch, dessen seelische Leiden und Mangel an innerer Stille nicht weniger als das Unheil, das von ihm ausgeht, die Quittung dafür ist, daß er unreif geblieben, weil er sich selber im Wesen nicht wahrnahm. Er weiß nichts von seinem himmlischen Ursprung und dem mit ihm gegebenen Auftrag und Sinn. Alles Reden darüber ist ihm Schall und Rauch. Wirklichkeit hat nur, was in der Welt gilt. Das Mittel dazu ist die Leistung! (III)

Aber muß Leistung nicht sein?

Lob der Leistung

Nur in der Leistung lernt der Mensch, die Forderungen des Lebens zu erfüllen, die Forderungen der „Welt", sowohl der Natur wie der Gemeinschaft.

Nur indem er etwas leistet, vermag der Mensch das Leben zu bestehen und ein sinnvolles Leben zu führen. Nur kraft seiner Leistung kann er das Leben meistern, sich die Kräfte der Natur dienstbar machen. Nur mit seinen Leistungen bildet und bewährt sich der Mensch als nützliches und uneigennütziges Glied der Gemeinschaft! Jede in der Welt gültige Leistung, in der der Mensch einer Sache oder Gemeinschaft dient, zwingt ihn auch, sein eigensüchtiges Ich hintanzusetzen und sein Tun an objektiven Forderungen und Maßstäben zu orientieren. Nur so wird der Mensch eine Persönlichkeit, das heißt ein zuverlässiger Träger und Verwalter der ihm von der Welt anvertrauten Werte.

Bei aller Kritik an bloßer Leistung kann es sich also nie darum handeln, das Leistungsprinzip als solches in Frage zu stellen oder seine Bedeutung für die Erziehung, Ertüchtigung und Bildung des Menschen herabzumindern. Aber die Voraussetzung dafür, daß das Leistungsprinzip segensreich und heilvoll bleibt, ist, daß es nicht zum einzigen Prinzip des Lebens wird und sich absolut setzt, sondern eingebettet bleibt in das Ganze menschlichen Lebens. Macht es sich zur Mitte des Ganzen, dann wirkt es sich heillos in der Welt aus, und der Mensch wird krank. Daran aber ist nicht das Leistungsprinzip schuld, sondern der Mensch, der, einseitig auf Leistung bedacht, sein inneres Werden und Reifen vergißt. Nicht das Leistungsprinzip verdirbt den Menschen, sondern der Mensch verdirbt das Leistungsprinzip (IX).

In dreierlei Weise kann Leistung in der Welt dem Überweltlichen dienen:

1. indem sie etwas schafft, das als Tat, Gebilde oder Organisation etwas Überweltliches ausstrahlt,
2. indem sie in der Welt die Bedingungen schafft oder erkennt, unter denen der Mensch seinem Wesen gemäß sich entfalten und leben kann,
3. indem ihr Vollzug nicht nur im Zeichen dessen steht, was dabei in der Welt herauskommt, sondern für den Leistenden dabei „hereinkommt“.

Das äußere Maß jeder Leistung ist ihr Resultat, also das, was dabei „herauskommt“. Das innere Maß sollte sein, was der Mensch in der Vorbereitung und im Vollzug von Leistungen dabei für sich selber, d. h. für sein inneres Zunehmen, gewinnt.

Es fehlt die Stille

Dem Menschen unserer Tage fehlt die Stille, die äußere und mehr noch die innere Stille, das heißt eine Verfassung, die ihn befähigt, auch im äußeren Lärm und Ansturm des Lebens Stille zu erfahren, zu wahren und auszustrahlen. Es gibt die besondere Stille als Zustand, die nichts zu tun hat mit „Lärm oder Nicht-Lärm", ja mehr noch: für die der äußere Lärm ein Hintergrund sein kann, von dem sich inwendig abhebt, was durch kein Geräusch gestört werden kann. Das ist die rechte Stille. Sie ist eine Verfassung des Gemütes – ein Zustand der Seele –, an dem sich der Lärm der Welt zu einer „Geräuschkulisse" verwandelt, vor der die innere Stille sich erst vollends entwickelt und bewußt wird.

Es gibt die Stille des Lebens und die Stille des Todes. Die Stille des Todes ist dort, wo sich nichts mehr bewegt. Die Stille des Lebens ist dort, wo nichts mehr die Bewegung der Verwandlung aufhält. Diese Stille ist eine Frucht des inneren Weges.

Die Menschen, von denen Stille ausgeht, weil es in ihrem Inneren still ist, sind selten geworden. An die Stelle der Stille, die aus der Verankerung im Wesen kommt, ist die gespielte „Ruhe", das äußere „Sich-Stillegen" getreten. Die äußere Ruhe, die aus einer Selbstdisziplin kommt, ist aber etwas anderes als die Stille, die eine innere Verfassung kundtut, die keiner Willenshaltung bedarf, um dazusein. Sie ist auch etwas anderes als die „Bierruhe" eines Phlegmatikers, hinter der kein Leben mehr pulst. Gewiß, es gibt die Menschen mit dem „dicken Fell", und es gibt auch die anderen, denen eine alles harmonisierende Schwingungsformel ihrer Natur alle Reibungen wegzaubert. Jenen erspart mangelnde Empfindsamkeit und Ansprechbarkeit die störende Erregung. Bei diesen löst sich der störende Eindruck, der andere erregt, wie auch der innere Impuls, schon ehe er Tiefe gewinnt, in Wohlgefallen auf. Aber die Stille dieser Menschen ist fade und flach. Kraft, Tiefe und Strahlung hat nur die Stille, in der sich die Präsenz des Wesens kundtut, das im Sein jenseits der Gegensätze zu Hause ist. Die rechte Stille ist eine Kraft aus unserem himmlischen Ursprung. Wo sie von einem Menschen ausgeht, übt sie eine zugleich lösende und ordnende Wirkung aus. Sie bringt die, die um ihn sind, ohne Worte mehr zu sich selbst. Im Zeichen des Wesens, das in ihr sich ausdrückt, legen sich Wogen der Erregung. Ungutes zergeht, und Fragen beantworten sich wie von selbst. In der rechten Stille wird die Stimme des Lebens vernehmbar.

Es lebt im Menschen ein geheimes Wissen darum, daß die rechte Stille, nach der die Seele sich sehnt, mehr ist als nur das wohltuende Fehlen von Lärm, mehr auch als ein bloßes Gegengewicht an Ruhe gegen Unruhe und Überforderung seines Leibes, auch mehr als die bloße Voraussetzung alles Lebens im Geiste oder als die Bedingung seelischer Gesundheit. Es ist ein Wissen, daß echte Stille grundsätzlich mehr ist als die Voraussetzung oder Bedingung glückhaften Lebens, daß sie vielmehr gleichbedeutend ist mit der Erfahrung sich erfüllenden Lebens selbst! Auch in unserer Zeit ist die Urerfahrung des Menschen noch nicht vollends verschüttet, daß er immer, wo er wahrhaft glücklich ist, still wird und daß umgekehrt dort, wo er vermag, wahrhaft stille zu werden, das wahre Glück ihm erst aufgeht.

Die Menschen sind verschieden in ihrer Empfänglichkeit für die Stille und in ihrer Bereitschaft, ihr Opfer zu bringen. Sie sind verschieden aus Gründen des Alters, der Reife und auch des Charakters. Der vom Leben Geprüfte ist ihr näher als der, der noch nicht durch die Schule des Leidens gegangen. Der nach außen Gekehrte ist ihr ferner als der, dem der Weg nach innen geschenkt ist. Der Bauer weiß mehr um Stille als der, den städtisches Leben verschlingt – aber der, dem das Leben die natürliche Stille versagt, ist oft auch der Sehnsucht nach Stille und so ihrer tieferen Erfahrung viel näher als der, der – noch eins mit der Natur – sie ganz selbstverständlich genießt.

Überall in der Welt prüft der Bauer den Fremdling, der zum erstenmal seine Stube betritt, mit dem „Test der Stille". Nicht an seinen einführenden Worten mißt er seinen menschlichen Wert. Laute Gebärde und jeder spitz ihn ins Auge fassende Blick sind ihm verdächtig. Zur Seite gewendet, horcht er in das Schweigen hinein, das von der Atmosphäre ausgeht, die den Fremden umgibt. Es ist die sprechende Aura der Substanz, die einen Menschen umhüllt, die er befragt, die stillen Schwingungen, die von einem Menschen ausgehen, jenseits seines Tuns und seines Sagens.

Es ist die Kunst aller Meister, den anderen nicht an dem, was er kann oder aussagt, sondern am Maß und an der Qualität der Stille, die von ihm ausgeht, auf Gleichgewicht und innere Ordnung, auf Rang und innere Stufe zu prüfen.

„Reife? Was ist es ...", so antwortete mir einst Satomi Takahashi, der Philosoph von Sendai, schwieg und sagte dann ruhig und lächelnd: „Die breite Stille."

Vom großen Sucher Sören Kierkegaard heißt es: „Als sein Gebet immer andächtiger wurde, da hatte er immer weniger und weniger zu sagen. Zuletzt wurde er ganz still. Er wurde still, ja, was womöglich ein noch größerer Gegensatz zum Reden ist, er wurde ein Hörer. Er meinte erst, Beten sei reden, er lernte aber, daß Beten nicht bloß Schweigen ist, sondern Hören. Und so ist es: Beten heißt nicht, sich selbst reden hören. Beten heißt stille werden und stille sein und harren, bis der Betende Gott hört" (I).

Die Not der Zeit

Die Not, in der der Mensch als „Erbe der Neuzeit" sich heute befindet, beruht vor allem darauf, daß die Achse des Lebens, um die sich alles dreht, nicht mehr das im Wesen und Innesein des Menschen anwesende göttliche Sein ist, sondern der in seinem Welt-Ich befangene Mensch selbst. Sinngebende Mitte ist nicht mehr das alles menschliche Leben übergreifende und durchwaltende Ganze, ist nicht mehr Gott, sondern der sich kraft seiner rationalen Mächtigkeit eigenständig und kraft seiner Fähigkeit zu ichlosem Dienst eigenwertig dünkende Mensch. Dies aber bedeutet eine Säkularisierung des ganzen Lebens, die Verweltlichung des Daseinsgefühls durch den Verlust der Verankerung in der Transzendenz.

In dem Maße, als sich das Leben für den Menschen zu einem rational erkennbaren und organisierbaren Gefüge reduziert, von dessen reibungslosem Funktionieren alles Heil abhängt, wird der Mensch, auch wo er „höheren Werten" oder der Gesellschaft dient, zum Funktionär. Er reduziert sich zum Träger rational faßbarer, meßbarer und quantitativ bewertbarer Funktionen und Leistungen. Diese Entpersönlichung des Lebens bedeutet mehr und anderes als die in jeder Gemeinschaft notwendige Einklammerung des Nur-Individuellen und des privaten Ichs, mehr auch als die in jeder organisierten Gesellschaft geltende Forderung ichloser Leistung. Es wird die rational nicht faßbare „Tiefenperson" nicht mehr ernst genommen und damit als bestimmender Faktor ausgeschaltet. Sie wird zu einem Nichts; denn Wirklichkeit hat in unserer menschlichen Welt nur das, was wir ernst nehmen.

Die Ausschaltung des Personalen bedeutet sowohl ein Hinweggehen über das Geheimnis der Individualität als auch die Verneinung der transzendenten Tiefe, des Wesens. So ist die existentielle Ganzheit des Menschen ihres Kernes und ihrer Mitte beraubt, denn in seinem Kern ist der Mensch etwas, das über ihn hinausweist. Und in seiner wahren Mitte ist der Mensch nur, wenn er dem überweltlichen Ganzen, darin er im Grunde zu Hause ist, in seiner individuellen Weise, zu sein, auch in der Lebensform seines In-der-Welt-Seins noch gemäß bleibt.

Ein besonderer Zug in der Verfehlung menschlicher Ganzheit liegt in der Überbetonung der männlichen, aktiven, fixierenden, setzenden, unterscheidenden, ordnenden und konturierenden Funktionen des menschlichen Geistes, denen gegenüber die lösenden, empfangenden, verbindenden, entgrenzenden, im Verborgenen tragenden, bergenden und verwandelnden weiblichen Kräfte zu kurz kommen. Damit zusammen hängt eine ungeheure Verengung der Sicht: Im Prisma und Blickpunkt des männlichen, nur gegenständlich fixierenden, auf Besitz, Sicherung und Leistung bezogenen Bewußtseins reduziert sich der Logos zur Ratio, die kosmischen Mächte zu psycho-physisch „greifbaren“ Trieben, die Liebe zu einer Weise des Haftens – und alles, alles wird zu einem „Objekt“, zu einem manipulierbaren Gegenstand, auch der Mensch.

Entscheidend aber ist die damit gegebene Verleugnung der transzendenten Tiefe unseres persönlichen Seins und die Verhinderung ihrer Bezeugung in der Welt. Das gegenständlich unfaßbare Wesen, die Weise, in der das überweltliche Sein in uns anwesend ist, aus dem heraus wir im Grunde allein wahrhaft existieren und zu dessen Manifestation wir, jeder in seiner besonderen Weise, bestimmt sind, von dessen Innewerden auch alles Reifen abhängt – dieses Wesen in jedem von uns ist heute dem Welt-Ich zum Opfer gebracht. Wo das Wirklichkeitsbewußtsein von der Ratio beherrscht ist, ist alles, was sich nicht in ihre Ordnung fügt oder sie überschreitet, also auch alle „Transzendenz“, unbequem oder irreal und in das Reich des Unwirklichen verwiesen, der Domäne des bloßen Glaubens, der Phantasie oder metaphysischen Spekulation zugerechnet.

Was immer der Mensch aber nur mit seinen natürlichen Gaben

und ohne Fühlung mit seinem Wesen gültig zu erkennen oder dauerhaft zu bewirken glaubt, es erstarrt oder löst sich wieder auf; denn es fehlt ihm der Hauch des alle Weltwirklichkeit befruchtenden, schöpferisch-erlösenden übernatürlichen Lebens.

Das Reifen des Menschen, der Segen seines Wirkens und seine wahre Freiheit und Mündigkeit hängen aber davon ab, daß er sein Wesen, das heißt die individuelle Manifestation des in seinem Weltleib anwesenden überweltlichen Lebens zuläßt, in sein verantwortliches Bewußtsein aufnimmt und den goldenen Faden zu ihm auch in seinem weltlichen Wirken nicht losläßt. So bedeutet gerade die Situation, in der der Mensch glaubt, sich eigenmächtig über sein Wesen hinwegsetzen zu können, und ein Wirklichkeitsbewußtsein, das für Transzendenz keinen Platz hat, zur maßgebenden Instanz macht, den Gipfel menschlicher Unreife, Unfreiheit und Unmündigkeit. Notwendigerweise gerät er in ihr immer mehr in das Leiden, darin die Verdrängung seines Wesens sich kundtut (X).

Ichwerdung und Wesen

Das Problem der Ichwerdung ist ein Grundthema des Menschseins. Vom Gewinnen des rechten Ichs hängt des Menschen rechtes Verhältnis zur Welt, zu sich selbst und zur Transzendenz ab. Aber so, wie alle Psychologie letztlich nur von einem metapsychologischen Standort aus zu gültigen Ergebnissen führt, so besteht auch nur dann Aussicht, das Problem der Gewinnung des rechten Welt-Ichs wie auch seiner Verfehlung richtig zu sehen, wenn man das ganze Problem im Zeichen der überweltlichen, das heißt transzendenten Beheimatung und Bestimmung des Menschen angeht.

Am Anfang und am Ende, im Ursprung und in der Entfaltung allen Lebens steht das transzendente „ICH BIN".

Hinter, in und über allem, was ist, ahnt der Mensch das große „ICH BIN" allen Lebens als die „Stille des göttlichen Seins", aus dem alles Leben aufgeht, in das es wieder eingeht, Schöpfung – Erlösung – Schöpfung ohne Ende. So verstanden, meint das große „ICH BIN" das Allumfassende und Alldurchwaltende, dessen „Wort" allem, was ist, innewohnt und ihm leibhaftige Gestalt, dem Menschen aber zugleich leibhaftiges Bewußtsein verleiht und kraft dieses Bewußtseins und dieser Gestalt in menschlicher Weise offenbar werden will in der Welt.

Ein jedes Wesen ist bestimmt, das „ICH BIN" des göttlichen Grundes vordergründig in seiner Weise darzuleben, so auch der Mensch in der Weise, die durch seine Eigenart bedingt ist. Die Thematik des menschlichen Lebens ist gekennzeichnet durch die Formen und Stufen seiner Bewußtwerdung. In ihnen manifestiert sich das große „ICH BIN" in der vielfältigen Weise, „ich bin" zu sagen, bekundet sich, indem es sich erst verhüllt, um im Leiden des Menschen an dieser Verhüllung eines Tages hervorzutreten als alles verwandelndes Licht. Im ahnungsvoll erlebten „Ich-Bin" als allerlösender und allverwandelnder Tiefe mündet auch die als Verwandlungsübung gelebte große Meditation.

Der Mensch, der zu seinem natürlichen Selbstbewußtsein kommt, sagt nicht „ich bin", sondern er sagt: „Ich bin ich!" Das Ich dieses „Ich bin ich" ist das Zentrum des natürlichen menschlichen Bewußtseins, eine selbstverständliche Voraussetzung und Komponente in der Ganzheit vollentwickelten menschlichen Lebens. Es ist die Basis des weltbedingten und weltbezogenen Selbstbewußtseins und der Mittelpunkt der gegenständlichen Welt-Sicht des natürlichen Menschen. Solange dieses Ich nicht da ist, ist der Mensch noch in den kosmischen Ordnungen gebunden, in ihnen geborgen, aber auch den Gewalten des Lebens ausgeliefert und noch kein Subjekt. So kann in der frühen Kindheit wie dort, wo der primitive Mensch noch verwoben in den Ganzheiten seiner Gemeinschaft und der Natur dahinlebt, von einem eigentlichen Ich-Bewußtsein ebensowenig die Rede sein wie von einem Bewußtsein von „Welt". Umweltverwoben lebt er allein aus der Teilhabe an dem ihn bergenden und fordernden Ganzen heraus.

Das „Ich bin ich" kennzeichnet das Bewußtsein einer festgehaltenen Identität, mit der dreierlei gesetzt ist:

1. Ich bin ich und will es bleiben – also das *Feststehen* des Ichs in allem Wandel;
2. Ich bin ich, ein Eigener, bestimmt zu eigener Gestalt – also die Besonderheit des Ich-Seins im *Unterschied* zum anderen;
3. Ich bin ich und bewahre mich gegen das andere (Du), das heißt die sich wahrende *Abgesetztheit* und Gegensätzlichkeit des Ich-Seins gegen das andere (V).

Im Bewußtwerden des Menschen zu diesem Ich, das heißt, sofern er nun von diesem Bewußtsein bestimmt ist, tritt er aus der ursprünglichen und übergegensätzlichen Einheit des Lebens heraus. Von seinem „Ich bin ich" aus erfährt der Mensch, der sich immer auch eins fühlt mit seinem Leib, das Leben in Gegensätzen, so im Gegensatz von Ich und Welt, von hier und dort, von vorher und nachher, von oben und unten, von Himmel und Erde, Geist und Natur u. a. m. Solange der Mensch sich ganz mit diesem Ich identifiziert, wird er alles nur in den Kategorien dieses Ichs wahrnehmen und ersnt nehmen. Was sich nicht im System von Raum und Zeit, Identität und Kausalität einfangen läßt, kann nicht als *Wirklichkeit* wahrgenommen und ernst genommen werden. Wenn dieses Ich aufgehoben wird und verschwindet, was bleibt dann überhaupt noch da? „Da" bleibt nichts mehr, sagt der mit diesem Ich identifizierte „westliche" Mensch. Dann erst, so sagt seit jeher die Weisheit des Ostens, dann geht überhaupt erst die Wirklichkeit auf, die „nicht von dieser Welt" ist. Aber vom Ich her wird freilich nur jene zur einzig wirklichen Wirklichkeit deklariert. Die Wirklichkeit, die alle Grenzen dieser Wirklichkeit überschreitet, das heißt transzendiert, ist jenseits der fünf großen „W", des Was, Wann, Wo, Woher und Wohin! Woher wissen wir von ihr? Aus Erfahrungen, in denen der Bewußtseins*träger* nicht das fixierende Ich ist, sondern eine Bewußtseinsform, die inständlich spürt, bewahrt und fruchtbar macht! Es ist das Bewußtsein, in dem das Wesen ins Innesein tritt. Je mehr der Mensch sich aber in seinem Welt-Ich und seinen Positionen festsetzt, vertieft sich der Gegensatz zwischen dem sich in seinem Bleibewillen und in seiner Bewußtseinsordnung festziehenden Ich und seinem unablässig auf Verwandlung hindrängenden Wesen.

In seinem Wesen hat der Mensch in jeweils individueller Weise teil am Sein, so auch in seinem kleinen, von Geburt und Tod begrenzten Leben, teil am überraumzeitlichen Großen LEBEN. Das „Wesen" ist die Weise, in der der unendliche Ursprung des Menschen in seiner ichbedingten Endlichkeit anwesend ist. Das Wesen ist die Weise, in der das Sein in einem Menschen danach drängt, in bestimmter Gestalt offenbar zu werden in der Welt. So ist das Wesen auch das Bildeprinzip, ist der einem Menschen eingeborene In-Weg zu der ihm zugedachten Gestalt. Diese Welt-Gestalt wird immer auch eine Ich-Gestalt sein. Aber in seinem leibhaftigen Welt-Ich kann das Wesen nur in dem Maße offenbar werden, als der Mensch in aller Bedingtheit durch die Welt in „Seele und Leib" doch transparent geblieben oder wieder geworden ist für sein Wesen. So gibt es ein geglücktes und ein nicht geglücktes Ich. Geglückt ist das Ich eines Menschen nur in dem Maße, als es die Transparenz für das Offenbarwerden des Wesens in einer ihm gemäßen Lebensgestalt nicht verhindert, sondern ermöglicht und in gewissem Maße gewährleistet. Aber die gewöhnliche Entwicklung des Menschen als Bewußtseinswesen bringt es mit sich, daß das sich unter den Bedingungen der Welt bildende Welt-Ich, das durch die Vorherrschaft des Bewußtseins, das alles feststellt, statische Ordnungen schafft und, um bestehen zu können, Positionen ausbaut – der Auszeugung der nur in nie endender Verwandlung wesensgemäßen Gestalt im Wege steht. Die Teilhabe an der lebendigen Fülle, Gesetzlichkeit und Einheit des ewig Verwandlung gebietenden LEBENS ist durch ein solches Bewußtsein leidvoll verstellt – und doch ist der Mensch nur dank und mit einem solchen Bewußtsein lebens- und entwicklungsfähig und gestaltungskräftig in der Welt (V).

Die im Ich zentrierte Bewußtseinsordnung bedeutet zunächst eine Sicht des Lebens, in der sich das Größere Leben verbirgt. Es ist die Bewußtseinsordnung des natürlichen Ursprungs, die den himmlischen Ursprung erst einmal in den Schatten verweist. Das bringt spezifisch menschliches Leiden. Doch gerade in ihrer leidbringenden Begrenztheit wird diese Bewußtseinsform zur Ursache dafür, daß im Menschen früher oder später die Sehnsucht zur ursprünglichen Einheit des Lebens erwacht. Und sie bildet dann eines Tages auch den Hintergrund, von dem sich in gewissen Erfahrungen das aufgehende Sein, das die Grenzen der Ich-Welt sprengt, als das „Ganz Andere" abheben und bewußt werden kann. Ohne Herausbildung einer in Gegensätzen gefügten Ich-Welt gibt es keine fruchtbringende „Erfahrung" der übergegensätzlichen Transzendenz. Sie nach dem Abfall wieder ins Innesein zu bekommen, sie wieder zu entdecken als Quelle des Lebens, als Wurzel aller Sinngebung und als bergende Heimat, die eben nicht von dieser Welt ist, und sie dann offenbar werden zu lassen mitten im Dasein, ist die Bestimmung des Menschen, ist der geheime Nerv allen menschlichen Strebens, all seiner Suche nach Glück, Erfüllung und Frieden; was ihm widerspricht – Quelle seiner Not. Allein die Tatsache dieses Verlangens, dieser Sehnsucht und Suche bedeutet auch schon eine *Erfahrung* einer alles durchwaltenden und verheißungsvoll bestimmenden Wirkkraft, die sie als unbestreitbares Faktum aus dem Bereich eines bloßen *Glaubens* an Transzendenz in den eines unabweislichen *Wissens* rückt – freilich nur für *den* Menschen, der die Fesseln und Grenzen des nur gegenständlich bestimmten Bewußtseins, die mit seiner Hilfe gewordene und verhärtete Bilderwelt ohne Angst vor Strafe zu durchbrechen vermag.

Die Sehnsucht nach Erlösung vom Leiden unter der Beschränktheit eines nur im Welt-Ich verankerten Bewußtseins drängt den Menschen eines Tages dazu, sich auf die Eigenart der Bewußtseins-Struktur der ihn einengenden Ich-Wirklichkeit zu besinnen. Diese Besinnung ist die Voraussetzung für das Erahnen sowohl des Weges, der über das Ichgehäuse hinaus über das Ernstnehmen von Erfahrungen, in denen das Sein spricht, zur Integration mit dem Sein führt, als auch des Weges, der zur Ausbildung eines Ichs führt, das im Dienste des Seins und nicht im Gegensatz zu ihm steht. Denn auf dieses rechte Ich kommt es letztlich an! Es geht nicht um die Zerstörung jeglichen Ichs, sondern um die Befreiung vom falschen und die Entwicklung des für das Wesen durchlässigen Welt-Ichs.

Der Widerspruch zwischen dem in und an der Welt hängenden Ich und dem im Sein gebundenen Wesen bildet eine dem Menschen unabdingbar innewohnende Gegensätzlichkeit, die in einem dialektischen Prozeß zu leben ist, darin der Mensch sich immer von neuem seiner Verwurzelung und Rückbindung im Sein bewußt werden muß, um sich immer wieder als seinsträchtiges Ich in der Welt zu bewähren. Die seinsgemäße Wirkkraft des Menschen in der Welt hängt ebenso wie von der immer neuen Besinnung auf seine Gebundenheit im Sein ab von der Entschiedenheit, mit der es sich der Verlockung, sei es ganz in der Welt oder aber auch ganz im Sein „aufzugehen“, widersetzt und in eigener Verantwortung und eigener Gestalt eigenständig in der Welt vom Sein zu zeugen bereit ist. Der Mensch ist dazu berufen, Gottes Werk in menschlicher Weise in seiner menschlichen Welt fortzusetzen, das heißt in menschlicher Weise das überweltliche Sein in der Welt Gestalt werden zu lassen. Das ist der Sinn seiner Eigenständigkeit und Freiheit und die Frucht seines Leidens unter seinem „Abfall“, wenn er ihn erkennt und umkehrt.

Die Stärke des primären Welt-Ichs, sein Grundanliegen und sein „Prinzip“, ist das *Fixieren.* Der Mensch wird zum Ich, indem er „Ich bin ich“ denkt, also seine Identität mit sich selbst feststellt. Erst damit gewinnt er seine „Position“, seinen „Stand“. An diesem Ich-Stand bildet sich die „Welt“ als Widerstand und von jedem Stand her dann als fixierter „Gegen-Stand“. „Welt“ bedeutet ein zum eigenen Standpunkt gegenständliches und in sich eigenständiges Gefüge von Festgestelltem. Vordem ist das Leben nur in komplexer Verwobenheit mit dem sie Erlebenden da als „Umwelt“, noch nicht als eine abgelöst in sich stehende Welt. Seinen festen Stand im Ich und eine objektiv feststehende Welt zu finden ist dem Menschen notwendig. Es wird ihm jedoch verhängnisvoll, wo er sich allein in ihr niederzulassen und auf ewig „einzugraben“ versucht. Das Gerichtetsein auf eine theoretisch oder praktisch feststehende, unabhängig vom menschlichen Subjekt bestehende Wirklichkeit ist ein Leitmotiv menschlichen Lebens. – Ihm gegenüber wirkt allezeit das andere, darin das menschliche Subjekt Erlösung sucht von seinem Leiden an der Welt (IV).

Das Staunen und das Leiden

Zwei Antriebswurzeln sind es, aus denen der menschliche Geist wächst, gedeiht, sich vollendet und gefährdet. Die eine ist das *Staunen*, die andere das *Leiden*. Gewiß, in jedem Menschen sind beide Antriebskräfte am Werk. Man muß aber lernen, die eigenwillige Wirkkraft der einen von der anderen zu unterscheiden, die Gefahr ihrer Einseitigkeit zu erkennen, um sie dann in der rechten Weise zusammenschauen und einander produktiv zuordnen zu können.

Das Staunen stellt die Frage: „Was ist das? Wie hängt das alles zusammen? Woher kommt es? Was wird aus ihm folgen?" Mit solchen Fragen stellt der Mensch sich jeweils einem anderen gegenüber, stellt das ihm Gegenüberstehende in den Vordergrund seines Interesses, sei es zur Erkenntnis, Meisterung, Gestaltung oder Vollendung. Demgegenüber muß der Fragende selbst dann in den Hintergrund treten. Der vom Staunen Betroffene tritt gegenüber dem Staunenswerten, sobald es erkenntniswürdig wird, zurück. Wo dagegen das Leiden zum Agens der geistigen Bewegung wird, wird zum maßgebenden, entscheidenden und richtunggebenden Faktor des Lebens der vom Leiden Betroffene selbst! Das gegenüberstehende andere hat seine Bedeutung nicht darin, was es an sich ist, sondern darin, wie es fördert oder gefährdet, lockt oder schmerzt, in Frage stellt oder bestätigt. Und in dieser Bedeutung wird es immer mehr zum Anlaß, in die weltunabhängige Tiefe des eigenen Inneren einzudringen, das heißt, nach innen zu gehen.

Der vom Staunen Berührte ist auf eine Wirklichkeit bezogen, die unabhängig von ihm besteht. Der vom Leiden Ergriffene sieht in aller Wirklichkeit das ihn Betreffende, denn das Zentrum der ihn bewegenden Wirklichkeit ist er selbst.

Im Staunen wie im Leiden drängt das unergründliche LEBEN im Menschen zum Bewußtsein von sich selbst. Aus dem Staunen gewinnt es Gestalt im gegenständlich erkennenden Bewußtsein des Klarheit suchenden „Kopfes", im Leiden als das verstehende, inständliche, Erlösung suchende Bewußtsein des „Herzens". Aus dem einen wächst der Auftrag zur Wahrnehmung und Gestaltung einer vom Menschen als unabhängig vorgestellten, eigenläufig funktionierenden oder als gültiges Werk zu schaffenden Realität, also zu einer objektiven, von allen Schlacken fühlender Subjektivität abgelösten Wirklichkeit. Aus dem anderen wächst der Auftrag zur Reifung eines Subjektes, das von allem eine objektive Welt imaginierenden Wahn befreit ist und dessen nie stillstehendes inneres Werden dann auch die ungestaltete, gefährliche und in ständiger Verwandlung befindliche Welt unstörbar in Kauf nimmt. Hier ist das Lebensbild beherrscht von der Vorstellung eines letztlich von aller Welt-Wirklichkeit befreiten Subjektes, dort dagegen von der Vorstellung einer von allem subjektiven Erleben gereinigten Sicht einer an sich bestehenden, das heißt ontologisch faßbaren Realität, die zu beweisen, der zu dienen und an die zu glauben ist. Der Geist ist hierbei gerichtet auf etwas, das überdauert, der Vergänglichkeit standhält, sei es, weil es aus „Marmor", das heißt aus unvergänglichem Material gebildet ist; sei es, weil es als „Gebilde" stimmt oder weil es in seinem Gehalt als Kunstwerk oder Erkenntnis einen überzeitlichen Sinn verkörpert und einen überzeitlichen Wert verwirklicht. Die Welt selbst, wo sie ihrer höchsten Idee entspräche, wäre dann ein wohlgeordnetes, dauerhaftes, für ihre Menschen reibungslos funktionierendes Gefüge technisch gemeisterter Gegebenheiten und reibungslos funktionierender Organisationen und menschlicher Beziehungen, das eine vollendete Ganzheit bildete. Hier herrscht die Endgestalt einer Welt, die in ihrer schattenlosen Harmonie letztlich im Licht einer aller Vergänglichkeit enthobenen Ewigkeit leuchtet. Auf sie bezogen zu sein ist dann auch die Antriebsquelle und Legitimation aller Entwicklung zum vollendeten Menschen. Denn dann erfüllt sich menschliches Ganzsein im Dienst an solcher Endgestalt.

In dem vom Leiden ausgehenden Lebensmodell dagegen ist das Gegenteil objektiver Wirklichkeit, nämlich das eigene Subjekt in seiner größten Tiefe der Raum letzter Wirklichkeit. Nicht ein von allem Bewußtsein unabhängiges Etwas, sondern ein von jeglichem Etwas gereinigtes, das heißt von der Macht der Gegen-Stände befreites Bewußtsein ist hier verheißungsvolles Motiv menschlichen Lebens. Nicht etwas, das als das objektiv Wirkliche letztlich abgelöst vom Menschen und von menschlichem Erleben unzugänglich ist, sondern umgekehrt ein Innerlichstes, das als Wesen aller Wesen sich gerade nur der tiefsten Erfahrung des Subjektes in einem höheren Bewußtsein erschließt und zu dieser Erfahrung aufgegeben ist und das, wenn es Erfahrung wird, den Sinn menschlichen Daseins erfüllt, indem es höchste Freiheit, Erlösung und tiefsten Frieden bedeutet. Wo tiefstes Erleben selbst Ort und Hort höchster Wirklichkeit ist, ist die Vorstellung, daß eine objektive, das heißt erlebnisferne Welt letzte Wirklichkeit sei, eine Wahnvorstellung. Wo das von keinem Gegenständlichen mehr getrübte Bewußtsein gesucht wird, ist die Fixierung eines Etwas, also bereits die Ausbildung des natürlichen, gegenständlichen Bewußtseins der Anfang aller Abwege. Wo dieses Bewußtsein sich absolut setzt, bildet es den Grundirrtum des Menschen.

Menschliches Leben wird immer von beidem in Atem gehalten, von der auf das Feststehende zielenden Geistigkeit und dem nach Erlösung verlangenden Leiden. Wo einer der beiden Antriebe den anderen nicht mehr zuläßt, ist menschliches Leben in Gefahr, unterzugehen oder sinnlos zu werden. Die Verfehlung des Weges und das aus ihr kommende Leiden sind dann freilich die Voraussetzung für das bewußte Finden der rechten Wahrheit und des rechten Weges, auf dem am Ende die Integration der aus dem Leiden und aus dem Staunen erwachsenden Geisteskräfte statthat. Das Überwiegen der Sehnsucht nach Erlösung kennzeichnet fernöstliches Lebensgefühl. Das Vorwalten der Gerichtetheit auf das „objektiv Wirkliche" bestimmt das Gesicht westlicher Zivilisation. Christliches Denken ist getragen von einer Lebensvorstellung, die den Gegensatz erlösend und schöpferisch zugleich aufhebt. Hier steht dann die Erkenntnis und Gestaltung der objektiven Welt im Dienst des im leidenden

Menschen als Subjekt ans Licht drängenden Seins, und dieses wiederum wird zum sinngebenden und gestaltungsmächtigen Faktor aller Verwandlung in der Welt. An diesem dem Menschen als Person aufgegebenen „integralen“ Leben sind letztlich alle Stufen des Werdens zu beurteilen und zu messen (XV).

Staunen – Leiden, die Antriebswurzeln des menschlichen Geistes! Zunächst erscheint das Staunen als die Kraft, die sich im Menschen immer mehr im rationalen Erkennen und Meistern der gegenständlich faßbaren Welt erfüllt. Das Leiden erscheint in der Gegenüberstellung zunächst als die Not, die den Menschen am Ende berechtigt, die Welt um seiner Erlösung willen gering zu achten. Und doch ist dem nicht so. Sobald der Mensch nicht nur sein ganz persönliches Leiden sieht, sondern auch das der leidenden Mitmenschheit, wird er zum Wahrnehmen und Ernstnehmen der rational zu erkennenden und zu meisternden Welt gezwungen. Und so gewiß die aus dem Staunen erwachsenden Fragen zur Entwicklung der Ratio und der ihr zugeordneten gefühlsfernen, „objektiven Wirklichkeit“ führen: Als Urphänomen ist das Staunen am Anfang und am Ende Ausdruck jener sich aller Ratio entziehenden „Überwirklichkeit“, die in unserer „Kopfwirklichkeit“ nicht weniger als in unserer leiderfüllten „Herzwirklichkeit“ ans Licht dringt. Die dem Staunen wie dem Leiden entspringenden Lebensimpulse haben offenbar eins gemeinsam: der Befreiung und Erlösung zu dienen, die der Mensch immer und überall von seinen Göttern erfleht. Vielleicht aber sollte er einmal begreifen, daß der Sinn seines im Staunen wie im Leiden vorangetriebenen Lebens vielmehr der sein sollte, das in ihm gefangene Göttliche aus der Gefangenschaft zu befreien, in die sein irdischer Ursprung es geworfen hat.

Das geglückte Welt-Ich

Als geglücktes Welt-Ich könnte man nur diejenige Ich-Form bezeichnen, darin der Mensch sein Glück und seine Freiheit als Zeuge und Diener des Seins findet. Das wäre eine lebendige Gestalt, die transparent bleibt für das Wesen und unter allen Bedingungen beweglich um die Achse ihrer wesensgemäßen Selbstwerdung schwingt, in aller Eigenständigkeit verwandlungsfähig, in aller Form durchlässig und in aller Durchlässigkeit in Form bleibt. Diese „durchlässige Form" und „geformte Durchlässigkeit" ist letztlich der Sinn aller geistlichen Übung.

Das geglückte Welt-Ich hat auch die erste Funktion der Ich-Werdung, die Gewinnung der auf den natürlichen Trieben und der Fähigkeit zu rationalem Erkennen beruhenden Eigenständigkeit und Durchsetzungskraft überschritten zur Stufe der für „Werte" zugänglichen Persönlichkeit. Darüber hinaus hat der Mensch mit geglücktem Welt-Ich die Fühlung mit dem Wesen gefunden. Aus dem, was er im Wesen *ist*, nicht nur von dem, was er hat, kann und weiß, hat er das Vertrauen, daß er dem Leiden gewachsen ist, und den Glauben an einen übergreifenden Sinn, das heißt an eine allem zugrundeliegende Fülle und Ordnung des Lebens. Kraft der ihn im Wesen bergenden Einheit des Seins fühlt er sich durch alle Gegensätze hindurch doch auch eins mit der Welt. Gewiß, auch im geglückten Ich lebt der Mensch in der Welt aus der Orientierung an dem, was für ihn feststeht. Aber er wird mit der nie endenden Veränderlichkeit, Gefährlichkeit und auch der Vergänglichkeit des Lebens fertig in dem Maße, als er nicht vollends mit dem Bleibewillen des Ichs identifiziert ist, sondern vom Wesen her für die dem Leben eignende ewige Verwandlung, zu der das Eingehen wie das Aufgehen gehört, zugänglich bleibt. „Der Tod ist der Sünde Sold" bedeutet dann nicht: Weil du gesündigt hast, mußt du sterben, sondern: Der Tod als *Schrecken* ist die Antwort auf den, der sich in einer Weise abgesondert hat, daß er sich aus seinem Bleibewillen heraus dem Eingehen, das zum Leben gehört wie das Aufgehen, widersetzt.

Für den Menschen mit geglücktem Ich ordnet das Leben sich nicht im Kreisen um eine Position in der Welt, sondern im Streben nach Transparenz für das überweltliche Wesen und die von ihm geforderte Verwandlung. Das geglückte Ich ist kein Widerspruch zum Wesen, sondern Instrument seiner Bekundung in der Welt. Denn das „geglückte Ich" bedeutet die Form menschlichen Daseins, in der der Mensch in der Welt vom Wesen zu zeugen vermag.

Der Mensch, der ein geglücktes Ich hat, lebt also nicht nur kraft seines Ichs. Zwar *lebt* er als Ich bezogen auf die raumzeitliche Welt, er *existiert* aber aus einem Wesensgrund, der über das Ich und sein In-der-Welt-Sein hinausweist. Das Zentrum seiner weltlichen, seinen irdischen Ursprung bezeugenden Bewußtseinsordnung ist wohl das gegenständlich fixierende Ich, doch ist dieses übergriffen von der im himmlischen Ursprung zentrierten Ganzheit eines werdenden Selbstes, das, primär im Manifestationsdrang des Wesens erfahren, das Ich in den Dienst des Seins stellt.

Aus seiner Angewiesenheit auf das Ichprinzip erwächst der Entwicklung des Menschen eine zweifache Gefahr. Entweder verhindert das Welt-Ich, wo es allzusehr vorherrscht, das Zulassen der Mitte, aus der die Ganzheit des LEBENS spricht. Seine statischen Ordnungen verstellen die Zugänge zum Wesen und den Atem des Größeren Lebens. Oder es fehlt, wo nicht genügend Ich sich gebildet hat, jene Form, die Gestalt, ohne die das Wesen nicht „Mensch" und nicht weltfähig wird.

Bleibt der Mensch seinem Wesen verbunden, so „spielt" sein Leben aus einer geheimnisvollen Tiefenelastizität heraus um die feste und zugleich bewegliche Achse einer nie endenden Verwandlung. Diese ist im mißglückten Ich nicht zu finden, denn dieses steht entweder dauernd auf „Positionen" bedacht, in starren Gehäusen oder schwankt ohne Form und Richtung hin und her und ist dann ständig der Auflösung nahe. Es fehlt die Gehaltenheit aus dem Wesen, die die Gefangenschaft im starren Gehäuse ebenso ausschließt wie die drohende Auflösung.

In zweierlei Weise erlebt der Mensch die Transzendierung seines Welt-Ichs zu etwas Umfassenderem: als Einbruch des Seins als Logos und als Weitung durch den Einstrom kosmischer Mächte. Beides ist der Personwerdung im eigentlichen Sinn vorgelagert.

Das Teilhaftigwerden an den das Welt-Ich übergreifenden Kosmos- oder Logos-Mächten ist an sich unpersönlich und unpersonal. Die Erdmächte sind vorpersönlich, die Geistmächte überpersönlich. Der Mensch kann sich, sein natürliches Ich überschreitend, in beiden niederlassen und aus beiden heraus wirken, ohne schon selbst im höchsten Sinn Person zu sein oder sich als Person hineinzugeben. Er kann von den Mächten der Erde wie von den Mächten des Geistes ergriffen sein; sein kleines Ich kann im Wechsel von beiden aufgenommen, ja aufgesogen sein, so daß er wie ichlos da ist und wirkt, nicht nur im Rausch oder in der Begeisterung, auch in seinem verantwortlichen täglichen Tun (z.B. als Heiler oder Seelsorger). Und doch gibt er in solchem, vielleicht sehr segensreichem Wirken noch nicht ganz sich selbst. Er selbst als dieses einmalige, nur in seinem tausendfältig bedingten Leibe wirkliche, von seinem persönlichen Schicksal unlösbare Individuum, das durchwirkt ist von seinem Glück und seiner Not, seiner Hoffnung und seiner Angst, mit einem Wort: Er selbst als dieser Mensch ist in solchem Heil-Wirken noch gar nicht wirklich da. Jeder wahre Lehrer, jeder Arzt, jeder Therapeut, aber auch jeder Seelsorger kennt den eigentümlichen Sprung, der sich in seiner Beziehung zu dem ihm aufgegebenen Menschen vollzieht in dem Augenblick, in dem er nicht anders kann, als sich dem anderen gegenüber selbst zu öffnen, und nun durch sein Amtskleid hindurch als der ganze Mensch hervortritt und so dem anderen als er selbst begegnet. Bei allen Gefahren, die damit verbunden sind – er weiß und spürt es: Erst jetzt erreicht er den anderen wirklich von Person zu Person (vgl. H. Trüb, Heilung aus der Begegnung, Stuttgart 1953).

Freilich muß, damit solches heilvoll sei, der Gebende und

Führende selbst zu einem Personzentrum gelangt sein. Allzu leicht kommt dieser erste eigentlich personale Einsatz gerade dort nicht zustande, wo der Mensch, sei es im Bund mit den kosmischen oder mit den geistigen Mächten, gleichsam ichlos geworden ist. Er lebt, liebt, schafft und wirkt dann entweder aus seiner Erdmitte oder seiner Himmelsmitte heraus, aber noch nicht aus der Mitte seines „In-der-Welt-Seins" als Person. Er wirkt – vielleicht hilfreich, aber vorpersönlich wie mancher Heilpraktiker oder auch unpersönlich wie mancher Priester. „Der Mensch, als Ganzes gesehen, das heißt der vollendete Mensch, ist nicht nur Mittelglied zwischen Himmel und Erde, zwischen Natur und Geist, und bald dieses oder jenes, sondern die Vereinigung beider im erleuchteten Bewußtsein" (XIII).

Die Fehlformen des Ichs

Es gibt zwei Fehlentwicklungen des Ichs. In der einen verfehlt sich der Mensch in einem unbeweglich gewordenen Ichgehäuse. In der anderen verfehlt sich der Mensch, weil er es zu überhaupt keiner geschlossenen Ichform gebracht hat (III).

Das erstarrte Ich-Gehäuse

Die Fehlform des „erstarrten Ichs" resultiert aus einem „Eigenläufig-geworden-sein" des fixierenden Ich-Prinzips. Es gehört zum Wesen des Ichs, festzustellen, das Festgestellte festzuhalten und sich selbst in etwas Feststehendem zu behaupten – im praktischen Raum des täglichen Lebens, im Reich der theoretischen Erkenntnis, wie in den Formen ethischen Verhaltens.

Starr hält der Mensch, der im Gehäuse seines Welt-Ichs befangen und verhärtet ist, an dem jeweils innerlich oder äußerlich Gewonnenen fest und leidet unter allem, was sich verändert. Seinen Halt in scheinbar objektiven, gesicherten „Positionen" sieht er immer wieder in Frage gestellt, sei es, daß es sich um theoretische, „weltanschauliche" oder praktische, „nützliche" oder ethische Positionen handelt. So kommt er nicht aus Sorge und Angst heraus. Er leidet unter dem Widerspruch des Lebens und seiner selbst zu den Vorstellungen, die er sich von sich und der Welt, wie sie sein sollte, gebildet hat, weiß sich aber dagegen nicht anders zu wehren, als sich immer eigenwilliger, allen Widersprüchen zum Trotz, hinter seinem „Standpunkt" zu verschanzen, ihn, oft gegen bessere Einsicht, zu verteidigen und von seinem „System“ aus zu handeln. Ob erkennend oder handelnd, immer ist er von festen Vorstellungen über die Wirklichkeit, wie sie ist und sein soll, bestimmt. Letztlich ist nur das Begreifbare und das Vollkommene, weil „vollendet in sich stehend“, zulässig. So muß er immer einordnen, rubrizieren, nachprüfen, richtigstellen, verteidigen, sicherstellen und es noch besser zu „machen“ versuchen und opfert die ihm zugedachte Fülle des Lebens der Rigorosität seines ethischen Standpunktes.

Der Perfektionszwang ist ein Symptom des im starren Ich-Gehäuse gefangenen Menschen. Er ist immer irritiert, daß die Welt nicht seiner Vorstellung vom Seinsollenden entspricht. Voller Gift über die Ungerechtigkeit des Schicksals oder verzweifelt über die eigene Unzulänglichkeit, droht ihm früher oder später ein Nihilismus, in dessen Strudel auch sein Gottesglaube untergeht. „Es hat ja alles keinen Sinn.“ Das Leben läuft anders, als es seiner festen Vorstellung vom allgütigen und allweisen Gott entspricht. So verwirft er seinen Glauben. Daß sein Glaube ein Pseudo-Glaube war, weil der Glaube ja erst dort anfängt, wo das Verstehen vom Ich her aufhört, kann der im Ichkreis Befangene nicht wissen, ebensowenig wie dies, daß es einen Sinn gibt, der jenseits von Sinn und Unsinn ist, und daß der SINN erst aufgehen kann, wo der Mensch an den Grenzen und schließlich am Unsinn egozentrischer oder nur rationaler Sinngebung scheitert und dies Scheitern annimmt!

Im pragmatischen Lebensbezug bekundet sich das Gefangensein im Ich-Gehäuse in einem angsterfüllten Drang nach nachweislicher Sicherheit. Da dem in seinem Ich Befangenen jenes ursprüngliche Lebensvertrauen fehlt, das Ausdruck ist einer Präsenz aus dem Sein, bleibt ihm nichts anderes übrig, als sich mit den Kräften seines Ichs abzusichern. So beruht sein Selbstgefühl auch ausschließlich auf dem, was er kann, hat und weiß. Der in seinem Welt-Ich gefangene Mensch ist immer dabei, seine Position auszubauen und zu wahren. Er ist nicht nur immer in Sorge um seine materielle Sicherheit, sondern ebenso empfindsam auf die Anerkennung seiner Person und also auf seine Fassade bedacht. Wo immer er sich angegriffen fühlt, versteift er sich oder reagiert „sauer“, das heißt, es zieht ihn innerlich zusammen. Er wagt aber nie, so zu reagieren, wie ihm zumute ist.

Er verdrängt aus Schwäche, oder um sein Bild nicht zu gefährden, die fällige Antwort auf die Kränkung der Welt. Ebensowenig wagt er das Herauslassen ursprünglicher Impulse. So fällt ihm die nicht herausgelassene „Ladung" auf die Brust – und erzeugt allmählich jene existentielle Angst, die im Unterschied zur Furcht vor etwas Bestimmtem Ausdruck nicht zugelassener „Expression", das heißt Depression ist! Und je mehr er sich in seinem Gehäuse einschließt und verhärtet, um so mehr droht dann die Explosion oder der Zusammenbruch.

Im sozialen Bezug ist der im Ich befangene Mensch sowohl egoistisch als auch egozentrisch. Er kann nicht lieben. Es fällt ihm schwer, vom anderen her zu denken, weil er im Grunde doch immer nur um sich selber kreist. Er kann sich dem anderen nicht öffnen und hingeben, weil er sich immer wahren muß, das heißt in seinem Selbstbewußtsein nicht vom Wesen getragen fühlt. Weil ihm die Verwurzelung im Wesen fehlt, fürchtet er, sich in jeder Hingabe völlig zu verlieren. Der Einswerdung mit dem anderen abgeneigt, hat er auch keinen Teil an den tragenden und bergenden Kräften gemeinschaftlichen Lebens. Jedem echten Kontakt verschlossen hat er nicht teil an jenen überpersönlichen Kräften der großen Natur und des geistlichen Geistes, die jeder echte Kontakt über die unmittelbare Berührung hinaus uns eröffnet.

Der im Ich gefangene Mensch ist seiner eigenen Tiefe gegenüber verschlossen und fremd. Er ist abgeriegelt gegen sein Wesen und so auch gegen die ihn erneuernde Fülle, sinnverleihende Ordnung und Einigungskraft aus dem in seinem Wesen lebendigen, allen Daseinsordnungen überlegenen Sein. So ist er, weil er nur zuläßt, was seine eigensinnig festgehaltene „Position" nicht stört, nicht nur gegenüber den ihm von der Welt her freundlich zuströmenden Kräften verstellt, sondern auch den eigenen Quell- und Formkräften bis zur Sterilität verschlossen. Weil ihm die Integration mit dem Wesensgrund verwehrt ist, bleibt er stehen, verwandelt sich nicht und kann nicht reifen. Und letztlich kann ihm auch kein Erfolg in der Welt helfen, seine innere Not zu überwinden. Im Gegenteil: Erfolg treibt ihn nur immer noch mehr in die Sackgasse hinein, denn alles seiner eigenen Kraft zuzuschreibende Gelingen verfestigt und erhöht nur noch die Wand, die ihn von seinem Wesen getrennt hält. Das erklärt auch die scheinbar unerklärliche Tatsache, daß Anerkennung der Welt allein auch dem „Guten" keinen dauernden Segen bringt, ja daß bei erfolgreichen Menschen Angst, Mißtrauen und Leere oft genau in dem Maße zunehmen, in dem sie sich, von anderen bewundert und beneidet, in der Welt siegreich durchsetzen und „erheben". Je höher sie steigen, desto größer wird die Gefahr, daß ihr Weltgebäude, der Wesensbasis ermangelnd, in sich zusammenfällt. Es fehlt der von Weltbedingungen unabhängige innere Boden. In der Welt hat Bestand nur, was in einem Überweltlichen wurzelt.

Der Mensch ohne Ich-Gehäuse

Der Mensch bedarf, um in der Welt leben zu können, einer ihm und der Welt gemäßen *Form.* Bei dem Menschen mit zuviel Ich ist diese Form verhärtet und verschlossen. Es kann nichts hinein, und was drinnen ist, kann nicht heraus. Der Mensch ist in ihr weder zugänglich gegenüber der Welt noch durchlässig für sein Wesen. Die entgegengesetzte Fehlform ist die, daß er zu offen ist. Alles kann herein, aber er kann nichts halten. Der Mensch mit zuwenig Ich hat es überhaupt zu keinem wandfesten Gefäß gebracht. Es hat sich weder ein Boden gebildet, noch sind die Wände dicht. Die Konturen sind unbestimmbar, und alles ist schutzlos offen. Hier fehlen die Voraussetzungen, deren der Mensch bedarf, sowohl um in der Welt zu bestehen, als um sein Wesen haltbar aufzunehmen und in der Welt bezeugen zu können.

Der Entgrenzte kann der Welt gegenüber seine „Integrität" nicht wahren. Er ist ihr schalenlos preisgegeben. Es fehlt ihm aber auch sich selbst gegenüber der Halt. Er ist seinen Triebkräften und Gemütsbewegungen ohne Freiheit der Entscheidung ausgeliefert. In seiner Sprunghaftigkeit, Trieb- und Gefühlsabhängigkeit ist er ohne Stetigkeit und ohne Linie. Der „Ich-Mensch" lebt aus einer eingebildeten Sicherheit heraus und im Bewußtsein seiner Eigenmacht. Für den Menchen, der es zu keinem Ich gebracht hat, wird das Sich-Behaupten im Dasein immer neu zum Problem.

Es wechseln bei ihm die Zustände völliger Machtlosigkeit durch Selbstverlust – denn die Welt macht mit ihm, was sie will – mit aggressiven oder defensiven Selbsterhaltungsausbrüchen, mit denen er die empfundene Ohnmacht ohne Maß ausgleicht. Es fehlt ihm auch die Kraft zu Ordnung und Form. Seine innere Unordnung und Ungeformtheit spiegelt sich in der äußeren. So leidet er unter der Unfähigkeit, sein Leben und seine Welt zu gestalten. Er ist immer in Gefahr, sich in einem Ausmaß anzupassen, bei dem er sich selbst verliert, und ist daher auch immer wieder geneigt, sich ängstlich in sich selber zu verschließen.

Bisweilen rettet er sich auch in übernommene Formen und gewöhnt sich Eigenheiten an, an denen er pedantisch festhält und die doch mit ihm selbst eigentlich nichts zu tun haben und ohne inneres Leben sind. Er leidet das Leiden des in seinem Wesen Verkannten, weil ihm die Form fehlt, die in der Weise, wie sie den Ich-Raum in Form hält, das Wesen bekundet.

Der Mensch „ohne Ich" gibt sich nicht bewußt und mit Entschiedenheit hin, sondern er lebt und leidet in einem Dauerzustand form- und haltloser Hingenommenheit. Er liebt und haßt ohne Maß, denn es fehlt ihm das maßgebende Eigene. Es fehlt ihm auch der überlegene Abstand. Was Wunder, daß gerade dieser Mensch sich dann immer wieder aus geheimer Angst vor der Ausgeliefertheit oder vor dem Zurückgestoßenwerden in eine krampfhaft sichernde Abwehr zurückzieht – so wie umgekehrt der Ich-Mensch nicht nur gelegentlich völlig aus seiner erstarrten Form fällt, sondern dann und wann sein vereistes Gefängnis im zerlösenden Rausch aufzuheben versucht. Ebenso wie der im Ichgehäuse Gefangene aus seiner Verhärtung in der Gefahr plötzlicher Explosionen und unerwarteter Auflösung steht, so ist der andere, der zu wenig „Panzerung" hat, in der Gefahr plötzlicher Verspannung und Erstarrung, die voller Gift und verhaltener Aggression ist.

Tragisch ist für den ich-armen Menschen das Verhältnis zu den in ihm zur Verwirklichung drängenden Kräften des Wesens und Seins. Sie brechen in ihn ein und bringen ihm zwar oft Zustände tiefer Beglückung, aber sie können bei ihm nicht Wurzel schlagen. Das Erlebte zerrinnt an der Unfähigkeit, es innere Gestalt werden zu lassen. Und so stürzt er immer wieder aus dem

Licht in das Dunkel, aus der Freude in tiefe Traurigkeit. Nach außen und innen allzu widerstandslos und offen, wird er von innen und außen her im Glück und im Schmerz überwältigt, aber beides hinterläßt keine bleibende oder formende Spur. Das Glück zerrinnt, und das Unglück bleibt ohne Frucht. Der Mensch mit den traurigen Augen!

Zu Unrecht sieht man daher in der sich wahrenden Form eines Menschen immer nur die Gefahr der Verhärtung. Sie ist von Kind auf das Gefäß, das den Menschen befähigt, das Geheimnis seines innersten Kernes zu wahren. Das Gehäuse ist nicht nur die den Menschen in der Welt schützende Burg, sondern auch der Schrein, der seine heilige Mitte hütet. Der Mensch ohne Gehäuse hat nicht zuviel, sondern zuwenig Ich ausgebildet und ist den Mächten von außen und innen preisgegeben. Sie dringen dann mit zerstörender Gewalt in ihn ein, und er kann gegen sie nicht bestehen; oder sie beschenken ihn überreich, und er kann sein Geschenk nicht halten und geht immer leer aus. Kommt es bei ihm dann einmal zu einer echten Begegnung mit seinem Wesen, dann fühlt er mit Beglückung erstmalig seinen überzeitlichen Kern. Während der Ich-Mensch sich in der Wesens-Erfahrung plötzlich befreit fühlt und sich zum Geöffneten und Liebenden hin verwandelt, so findet der icharme Mensch in ihr erstmalig wirklich zu einer geschlossenen und haltbaren, weil aus dem Wesen heraus aufblühenden Form.

Was hier schematisch mit wenigen Worten als Gegensatz zweier Formen des verunglückten Ichs aufgezeigt wurde, ist in Wirklichkeit viel komplizierter. Das „Zuviel" wie das „Zuwenig" ist meist nicht für alle Bezirke des Lebens gleich ausgeprägt, sondern auf partielle Bereiche verteilt. So gibt es auch den Menschen, der in einer Hinsicht zuviel und in anderer zuwenig Ich hat. Diese in sich widersprüchlichen Erscheinungsformen des „Zuviel" und „Zuwenig" können konstitutionell oder entwicklungsmäßig bedingt sein, so etwa durch Kindheitstraumen, Erziehungsfehler, ethische oder religiöse Ideologien oder Tabus. Neurotisch fixiert erzeugen sie jene Krankheiten oder Leiden, die dann die wesensgemäße Entwicklung verhindern und einer tiefenpsychologisch gegründeten psychotherapeutischen Behandlung bedürfen.

Der Harmoniker

Es gibt noch eine dritte Fehlform des Ich, deren Widerspenstigkeit gegen das Wesen so oft übersehen wird, weil sie „harmonisch" ist, zunächst kein Leiden bringt und daher wesensgemäß wirkt: den Harmoniker!

Der Harmoniker ist weder in einem leidbringenden Gehäuse verhärtet, noch leidet er die Qual des Entgrenzten. Er ist weder verkrampft noch aufgelöst, sondern anpassungsfähig spielt er sich jeweils auf die gegebene Situation ein und immer so, daß es für ihn und andere angenehm ist. Er versteht es, die Wohligkeit seiner inneren Lage gegen jeden Einbruch von innen und außen elastisch abzuschirmen, und weil er in der Welt niemals anstößt, nimmt er auch an sich selbst keinen Anstoß. Aber was ihm fehlt, ist die Tiefe. Munter plätschert er an der Oberfläche dahin. Aber seine Gelöstheit und Hingabefähigkeit entbehren des Herzens. Er ist liebenswürdig, aber unverbindlich und ohne Liebe. Er gibt sich aufgeschlossen, aber läßt doch nichts an sich heran. Er gibt sich bestimmt und lebt doch in einem ewigen Kompromiß. Er hat für alles eine Lösung zur Hand, die ihn aber selbst wenig kostet. Er ist der liebenswürdige Egoist, der alle beschenkt, ohne sich selbst herzugeben, und scheinbar alles aufnimmt und annimmt, ohne sich selbst in Frage zu stellen oder zu wagen. Niemals gibt er sich ganz, hinterläßt aber auch keine schmerzliche Lücke, wo er verschwindet. Er sieht so aus, als sei er mit seinem Wesen im Einklang. In Wahrheit bekommt er es kaum jemals zu spüren. Der Welt immer angepaßt, die eigenen Impulse automatisch zur Ungefährlichkeit zügelnd, meidet er, was kalt ist oder zu heiß, was wahrhaft dunkel ist oder zu licht, und in einem lauwarm halb dunklen, halb lichten Medium gleitet er wie reibungslos an der Oberfläche des Lebens dahin. Sein Gesicht legt sich in ernste oder heitere Falten, seine Stimme wird bedeutungsvoll tief oder hell – ganz wie der andere es wünscht, und immer „angenehm", ist er ein gern gesehener Gast. Er tritt auf, ohne weh zu tun, und tritt ab, ohne etwas zu verlieren. Einmal aber kommt auch für ihn der Augenblick, in dem ihn im geheimen die Angst beschleicht. Es wird ihm unheimlich, *wie* glatt alles geht, und er fühlt, wie flach und leer er ist und irgendwie schuldig. So ein Mensch muß irgendwann einmal lernen, sowohl sein Herz hinzugeben, als auch, sich zu stellen und sich zu wagen. Und für diesen Typus bringt – wenn ihm seine Stunde je schlägt – die Begegnung mit dem Wesen oft deswegen die härteste Erfahrung; denn sie ist zunächst nicht wie für die beiden anderen die beglückende Erlösung von einem langen Leiden, sondern nach so langem Sich-harmonisch-Befinden das erste wirkliche Leiden, das Leiden unter der Notwendigkeit, dem Wesen zuliebe Verzicht zu leisten auf die sich im Angenehmen schaukelnde, wohlig eingespielte harmonische Form. Wagt dieser Mensch aber einmal den Sprung, weil es ihm im wohligen Wellenspiel doch einmal auch „übel" geworden ist, kann ihm die Erfahrung des Wesens gedeihen zu einem besonderen Glück, weil er in ihr dann sowohl den eigentlichen Kern und damit die Chance zur wahren Form als auch die echte Entgrenzung und damit erst die Chance zum wahren Kontakt mit dem Du finden kann (III).

Mündigkeit

Der Not des Menschen unserer Zeit wird nur gerecht, wer hilft, eine Verwandlung einzuleiten, die ihn aus dem Gefängnis seines ich-weltbefangenen Denkens befreit und zum Freiwerden zu einer Bewegung befähigt, die *Mündigwerden* bedeutet, das heißt, ihn, allen äußeren Umständen zum Trotz, auf den Weg seiner wahren, sein Wesen auszeugenden Selbstverwirklichung bringt. Es geht um den Menschen, der, weil eins geworden mit seinem Wesen, das heißt angeschlossen an das überweltliche Leben, zur Person reif geworden, eine höhere, das heißt weltunabhängige Freiheit gefunden hat, weil in ihm und durch ihn das überweltliche Sein am Werk ist.

„Personale Reife" hat mehr zur Voraussetzung als ein gediegenes Wissen und Können, meint mehr als moralische Zuverlässigkeit, mehr als Bekenntnis zu einem religiösen Glauben. Sie bedeutet eine Verwandlung des ganzen Menschen kraft einer bewußt gewordenen und verantwortlich gelebten Verwurzelung im Sein. Der zur Reife Gelangte weiß, hat und kann nicht mehr als der Unreife, aber er *ist* mehr als der noch nicht Gereifte. Die menschliche Mündigkeit, die auf Reife beruht, bringt nicht nur mehr Freiheit der Entscheidung für das Handeln in der Welt, sondern bedeutet Freiheit zur Bezeugung des eigenen Wesens und der ihm eingewobenen transzendenten Ordnung, auch wo die Freiheit zum Handeln in der Welt verstellt ist. Der kraft seiner Verankerung im Wesen Mündige kann nicht nur das tun, was er will (weil er nur noch das will, was er darf), sondern er darf *sein,* wer er *ist.* Er kann und darf der sein, der er im Grunde, das heißt vom Wesen, von Gott her „ist", sein möchte und sein soll. Dieses in der Welt Der-sein-Dürfen, der man eigentlich, das heißt seinem Wesen nach ist, ist eine Grundsehnsucht des Menschen. In ihr west und wirkt der himmlische Ursprung des Menschen. Ihm gemäß zu werden und fähig, von ihm in der Welt des irdischen Ursprungs erkennend, gestaltend und liebend zu zeugen, macht das Wesen der *Mündigkeit* aus.

Was also bedeutet Mündigkeit des Menschen?

Mündigwerden bedeutet, das Joch jener Freiheit auf sich zu nehmen, in der der Mensch seinen Eigenwillen aufgibt, aber in seinen eigenen Willen aufnimmt, was er in tiefster Erfahrung als Sicht und Anliegen seines überweltlichen Wesens erfuhr. Mündigkeit bedeutet Zuverlässigkeit im rechten Gebrauch personaler Freiheit.

Mündig ist der Mensch, der seine Verwurzelung im Glauben in erfahrener Transzendenz als ein Wissen gewann, das er in immer neuer Bewährung bezeugt. So erst gewinnt er die Reife, deren Frucht ein Leben ist, das seiner Bestimmung entspricht: in diesem Dasein zu zeugen vom überweltlichen Sein.

Mündig ist der Mensch in dem Maße, als er Person geworden ist, die kraft verpflichtender Entscheidung für den Wirklichkeitsgehalt ihrer transzendenten Erfahrung fähig und gewillt ist, dem in ihr vernommenen Ruf zu gehorchen, das überraumzeitliche Sein, das sie im eigenen Wesen ist und vernimmt, im raumzeitlichen Dasein zu bekunden. Dieses Zeugen vom Sein vollzieht sich vollgültig nur mitten im geschichtlichen Dasein. Der wahrhaft mündig gewordene Mensch *ist* das überweltliche Sein, welt-wirklich geworden in der Verfassung eines Menschen.

Das überweltliche Leben erscheint im mündig gewordenen Menschen im fortgesetzten „Stirb und Werde" seiner Welt.

Die Freiheit des Mündiggewordenen bedeutet mehr als jene geistige Freiheit, die den Menschen befähigt, das kleine Ich und seine primären Triebe nach Lust und Macht zu überwinden; mehr auch als die Freiheit, sich in der Treue zu unbedingten Werten über alles Bedingte in der Welt zu erheben und in den Räumen der Wissenschaft, Kunst und Philosophie die Welt hinter sich zu lassen. Die Wesensfreiheit der Person bewährt sich vielmehr erst dort, wo der Mensch sich seinem geschichtlichen Schicksal stellt, sein Leiden annimmt und sich nicht über das

Unannehmbare „geistig“ hinwegsetzt, sondern es aushält und es als Tor zu einer anderen Dimension durchleidet.

Mündigkeit bewährt sich erst dort, wo drohende Vernichtung und der Widersinn der Umstände das Maß natürlicher Kräfte übersteigen und der Mensch der Versuchung widersteht, zum Verräter am Wesen zu werden, indem er ausweicht oder sich in Trosträume flüchtet.

Unmündigkeit zeigt sich dort, wo dem Menschen jedes Mittel recht wird, sich zu erhalten, wo er um der Reibungslosigkeit willen den faulen Frieden der Auseinandersetzung vorzieht, wo er eine innere Unwahrheit mit einer existentiell nicht mehr gültigen Treue gegenüber allgemeinen Regeln rechtfertigt, wo er Gemeinschaft nur anerkennt, wo sie ihn schont oder schützt, wo er seinen religiösen Glauben dazu mißbraucht, sich in unwahrer Demut zu verkriechen, kurz, überall dort, wo er sich für die Harmonie des Peripheren gegen die beunruhigenden Kräfte der Tiefe, für das Bestehen in der „Horizontalen“ gegen die Unterwerfung unter die „Vertikale“ entscheidet.

Mündig ist der Mensch in dem Maße, als er immer wieder den Mut hat, die Dunkelheiten des Lebens zu durchschreiten und im Zulassen und Ernstnehmen der verpflichtenden Stille, in der die Tiefe ihn ruft, bereit wird, die Wirklichkeit dieser Welt ohne schöne Schleier zu sehen und sie angstlos so auf sich zukommen zu lassen, wie sie ist. Kraft seiner Seinsverbundenheit weltoffen, geht er dann unverstellt und unvoreingenommen in jede Situation hinein. Das Altgewohnte sieht er mit neuen Augen, ist mißtrauisch gegen sich selbst, wo immer er sich angekommen wähnt, hütet sich vor festen Vorstellungen über die Welt, seine Mitmenschen und Gott und bewahrt sich auch dort, wo er sich in der Welt festlegen mußte, die Freiheit, aus Treue zu seinem Wesen die Bindungen zu lösen, die Schmach einer Untreue auf sich zu nehmen, Errungenes wieder preiszugeben und neu zu beginnen.

Der Mündiggewordene bewährt seine Treue zum Sein in allen konkreten Bezügen seines geschichtlichen Daseins dadurch, daß er im Wechsel der Situationen an dem ihn allein verpflichtenden Grundauftrag orientiert bleibt, der ihn aus ausnahmslos *allen* Situationen des Lebens anspricht. Dann wird „jede Situation zur besten aller Gelegenheiten“, im Zeitlichen das Überzeitliche, im

Bedingten das Unbedingte, im Weltlichen das Überweltliche zu bezeugen. Das Letzte ist nicht, die Welt im Bedingten zu beherrschen noch sich dem natürlich oder schicksalhaft Bedingten in Räumen des Unbedingten zu entziehen, sondern im Raum der eigenen Verantwortung im Erkennen und Handeln das geschichtliche Dasein und So-Sein *in* all seiner Bedingtheit und Unvollkommenheit transparent werden zu lassen zum Sein. Dieses aber ist nur möglich in immer neuem Aufbruch. Denn das Sein, das Große LEBEN, das sich in allem Gewordenen und gegenständlich Begriffenen verhüllt, blüht nur im schöpferisch-erlösenden Neuwerden auf. Mündig ist also der Mensch, in dem das Rad der Verwandlung nie stille steht und Meister Ekkeharts großer Satz „Gottes Sein ist unser Werden" sich im Ja zum ewigen Stirb und Werde erfüllt.

Der zur Mündigkeit gelangte Mensch bezeugt eine in eigener Erfahrung begründete, nicht nur im bekennenden Glauben behauptete Verwurzelung im überraumzeitlichen Sein in der Kraft, das auszuhalten, was für das natürliche Ich nicht auszuhalten ist; anzunehmen, was nicht anzunehmen ist. Das aber bedeutet die Kraft, sich in immer neuem Verglühen Stufe um Stufe zu verwandeln. Nur der in der Tiefe des Wesens Verankerte kann immer wieder die Schmerzscheu des Ichs überwinden. Nur ihm auch wird leidfreie Stimmigkeit nicht mehr zum Kriterium des Rechten, Reibungslosigkeit nicht mehr zu einem Höchstwert. Wer im Überweltlichen steht, wird fähig, das Unstimmige und Widersinnige in der Welt zu ertragen und daran nicht bitter, sondern fruchtbar zu werden im Reifen. Ja mehr noch, durch alle Ungerechtigkeit und Sinnwidrigkeit dieser Welt schimmert für ihn ein Sinn, der jenseits ist von Sinn und Unsinn dieser Welt!

Mündig ist nicht, wer glaubt, Angst, Traurigkeit und Verzweiflung endgültig überwinden zu können, sondern wer sie zu durchleiden vermag und daran wächst. Mündig ist der, dem die Not, die aus der bleibenden Gefährlichkeit der Welt und Unvollkommenheit seiner selbst kommt, zu immer neuem Anlaß gedeiht, seine unreife Identifikation mit dem sich ängstenden, trauernden und verzweifelten Ich zu erkennen und kraft seiner Fühlung mit dem alles aufhebenden Grund immer von neuem einzuschmelzen. So kann seine Person, immer aufs neue von der erlösenden Tiefe und prägenden Kraft des Wesens erfüllt und erneuert, *in* aller Schwäche das Leben in der Welt im Zeichen fortschreitender Transparenz für Transzendenz bestehen, gestalten und meistern (X).

Aber woher nehmen wir das Recht, so selbstverständlich vom Wesen und vom überweltlichen Sein zu sprechen? Es ist Erfahrung!

III

Seinserfahrungen

Die Forderung

Je unabweislicher im zukunftsträchtigen Menschen von heute der himmlische Ursprung und die ihm von dorther kommende Sinngebung und Bestimmung als Ahnung und Verheißung ins Innesein tritt, um so dringender wird die Forderung nach einer präzisen Angabe der Gründe, die ihn berechtigen, überhaupt einen Unterschied zwischen zwei Wirklichkeiten zu behaupten, einer weltlichen und einer überweltlichen. Wenn es nicht nur eine Sache des Glaubens sein soll, sei er Ausdruck und Produkt eines Wunschdenkens, einer Sehnsucht oder selbst des Vertrauens auf die Aussagen der Heiligen Schrift, dann müssen Erfahrungen angebbar sein – Erfahrungen besonderer Art –, die uns befähigen, mit dem gleichen Recht, mit dem uns die Erfahrungen unserer fünf Sinne erlauben, eine materiell greifbare Welt zu behaupten, berechtigen, die Wirklichkeit einer anderen, nicht weltlichen Dimension zu behaupten. Diese Behauptung darf sich aber auch nicht nur auf unabweisbare und beschreibbare Erfahrungen stützen, sondern es müssen auch Kriterien für die Vertrauenswürdigkeit solcher Erfahrungen gegeben werden können. Man muß angeben können, wie sich legitime Erfahrungen von Erlebnissen, wie psychischen Projektionen, Folgen von Rauschgiftgenuß, Wunschbildern, hysterischen Einbildungen u.a., unterscheiden. Wir geben im Folgenden zunächst zwei Beispiele von Erlebnissen, in denen von Seinserfahrungen bzw. Seinsfühlungen die Rede ist: eine exemplarische Kindheitserinnerung und ein Gespräch, wie es heute tausendfach geführt wird.

Sternstunden des Lebens

Zu Beginn einer Beratung erzählte mir eine Frau – sie war Mitte der Vierzig – durch mehrere Sitzungen hindurch ihr Leben. Am Ende der dritten Stunde griff ich aus dieser Lebensgeschichte einen bestimmten Augenblick heraus, ein anscheinend kleines Erlebnis aus ihrer Kindheit. „Sagen Sie, liebe Frau ..., Sie erzählten in der ersten Stunde, wie Sie einmal zusammen mit Ihrer Mutter in einer Kirche waren... da sei, so sagten Sie, ‚das Licht in so eigenartiger Weise durch die bunten Kirchenfenster gekommen'. Als Sie das sagten, hatte, so schien es mir, Ihre Stimme eine besondere Schwebung. Überlegen Sie mal, war da irgend etwas Besonderes?"

„Nein", sagte die Frau, „ – wieso – das war eben schön... doch... (und langsam schien das Erlebte noch einmal in ihr aufzusteigen) es war in einer besonderen Weise ‚schön'... hm, ja, das hat mich damals eigenartig berührt... ganz seltsam war das... Nur einen Augenblick hat es gedauert, da war ich, wie soll ich es ausdrücken, wie hineingenommen in etwas ganz anderes. Ja, jetzt weiß ich es wieder: es war mir damals mit einem Male so ruhig, so ganz licht und warm zumute." Sie hielt inne, und mit einem veränderten, etwas betroffenen Ausdruck fragte sie zögernd: „Meinen Sie, ich soll das ernst nehmen?"

„Ja", sagte ich, „ich meine schon, sehr ernst sogar, und denken Sie doch einmal bis morgen darüber nach, ob es in Ihrem Leben nicht noch mehr solcher Augenblicke gegeben hat."

Am nächsten Tag kam die Frau wieder. Und als die Zeit dafür reif war, fragte ich sie: „Nun, ist Ihnen noch etwas eingefallen?"

„Ja, Herr Professor, ich habe nachgedacht... und zweimal

war das noch in meinem Leben." Wieder ging ihr Blick nach innen, und dann fuhr sie fort: „Einmal war das im Wald. Ich war damals sechzehn Jahre alt. Wieso es dann kam, weiß ich nicht. Ich war einen Augenblick stehengeblieben. Es hatte geregnet, ein Sonnenstrahl fiel auf ein Stück Moos – und ... da war es wieder da ... ganz das gleiche! Es war, wie ich so ganz verloren auf das Moos hinschaute, als würde ich durch und durch durchflutet ... Ein Schauer ging durch mich hindurch, und dann wurde es ganz still in mir – und doch nicht in mir –. Dann knackte es plötzlich im Unterholz, ich merkte auf, und plötzlich war alles weg." Die Frau schwieg.

„Und das andere Mal?" fragte ich.

„Ja, das weiß ich noch ganz genau. Das war einmal in der Elektrischen. Mir gegenüber saß eine alte Frau. Und die sah mich an, das heißt, sie sah eigentlich durch mich hindurch und sah doch mich an, das heißt, ihr Auge traf mich ganz in der Tiefe, und ... da fuhr es in mich hinein, wie ein warmer Strahl, der alles in mir löste und neu verband ... So gut war das. Und danach hatte ich eine so große Kraft in mir, so, als könnte mir nie mehr etwas geschehen und als sei alles, alles in Ordnung."

„Und wie, meinen Sie, gehen diese drei Erlebnisse zusammen?" fragte ich die Frau.

„Ganz einfach", sagte sie, „es *war* eben jedesmal ganz dasselbe." Und mit einem Mal leuchtete sie auf und sagte verhalten und irgendwie tief bewegt: „Jetzt weiß ich, was Sie meinen."

Von dem Tage an wurde das Leben der Frau anders. Sie hatte nicht nur dreimal dieses Etwas „erlebt", sondern das Erlebte nun auch in seinem Gewicht und seiner eigentlichen Bedeutung erkannt. Sie hatte begonnen, die Wirklichkeit in sich zuzulassen, die als eine größere Wirklichkeit unsere kleine Wirklichkeit allüberall durchdringt, der wir aber für gewöhnlich verschlossen sind, die aber, wenn wir uns ihr nur wirklich öffnen, sie zulassen und uns von ihr tragen und durchwachsen lassen, unser Leben von Grund auf verändert (III).

Ein Gespräch

Was kann ich dazu tun, daß das, was ich da erlebte, wiederkommt, nein, mehr, daß ich mit dem, was ich da erlebte, in Verbindung bleiben kann –

Was hast du erlebt?

Das weiß ich nicht – ich weiß nur, daß es gewaltig war – Es zittert alles noch in mir nach.

Schön? Gut?

Ganz jenseits von schön und gut. Es war einfach „Das"!

Was heißt das?

Das, worauf es ankommt. Gewaltig, groß – unbeschreibliche Fülle – Licht – Liebe, alles in eins!

Ein Erlebnis also!

Viel mehr als ein Erlebnis. „Erlebnis", das klingt so „subjektiv". Es war viel mehr. Es war eine Präsenz – eine Gegenwart, ich weiß nicht, von wem oder was, eine Gegenwart, die mir geschah –

Und du –

Ich war plötzlich ein anderer, völlig frei – ganz ich selbst und in mir und zugleich mit allem verbunden. Ich wußte nichts mehr und zugleich alles, und so geladen mit Kraft – und über alle Maßen glücklich. Ich war einen Augenblick ganz ich selbst, nein, überhaupt nicht mehr „ich", und doch so, wie noch nie und viel, viel mehr –

Und was hattest du vorher gemacht?

Nichts. – Es kam über mich aus heiterem Himmel, ergriff mich, übermannte mich, leerte mich völlig aus, füllte mich, trieb mich in mich hinein, vernichtete mich und holte mich wieder heraus – über mich hinaus. – Es ist also ganz unsagbar.

Und warst du verwirrt, die Welt um dich, wie war die?

Verwirrt? Überhaupt nicht! So klar wie noch nie. Mehr als das, ich sah, was ich noch nie gesehen hatte –

Was?

In die Dinge hinein – durch sie hindurch – auf ihren „Kern". Kann es nicht beschreiben. Alles hatte einen ganz anderen Sinn. Alles war genau das, was es war und zugleich viel mehr, ganz etwas anderes, und gerade dadurch ganz es selbst.

Und du –

Genauso! Ganz etwas anderes, ein ganz anderer und gerade darin ganz ich selbst. Ich gehörte nicht mehr mir.

Und jetzt –

Ja, und jetzt! Jetzt suche ich jemanden, der mir das alles erklärt. Nein – wozu erklären – bestätigen, mir das „abnimmt" – mehr noch, mich führt. Ich weiß, in der Richtung liegt es!

Was?

Der Sinn. Die Bestimmung. Das, wozu wir überhaupt da sind – Ich brauche jemand, der das kennt, der „weiß" und...

Tausendfach werden heute solche Gespräche geführt. Ihr Anlaß ist immer der gleiche: ein Einbruch des überweltlichen Seins in unser bewußtes Dasein – je nachdem erschreckend, verheißend, verpflichtend, jedenfalls gewichtig genug, um den Betroffenen zu veranlassen, es ernst zu nehmen und nach jemandem zu suchen, der da weiterhilft.

Das Erlebnis, das den Anlaß für solche Gespräche gibt, kann von verschiedener Tiefe sein – nur eine flüchtige Berührung – oder aber von großer Gewalt. So unterscheidet man zweckmäßig zwischen Seinsfühlung und Seinserfahrung (XII).

Seinsfühlung

Wie ein Silberstrom zieht sich durch die Zeiten die Kunde von Menschen, die irgend einmal, wie vom Blitz getroffen, eine andere Wirklichkeit erfuhren, die sie mit einem Schlage aus einer Not befreite oder als Einbruch einer Verheißung in eine andere Ebene rief. Erschütternde Erfahrung des in ihr gewohntes Dasein einbrechenden überweltlichen Seins.

Nicht immer aber sind es die weithin leuchtenden und unvergeßlichen, sei es erschütternden oder beglückenden Augenblicke unseres Lebens, in denen das Sein ins Innesein tritt, aus dem wir im Grunde immerzu leben. Es gibt die weniger herausragenden Augenblicke und Stunden, in denen wir uns unerwartet in einen besonderen Zustand versetzt finden, worin, von uns unverstanden, das Sein uns berührt. Ganz plötzlich ist uns eigenartig zumute. Wir sind ganz gegenwärtig, ganz da – und doch nicht auf etwas Bestimmtes gerichtet. Wir fühlen uns in eigentümlicher Weise „rund", in uns „geschlossen" und doch zugleich in einer Weise geöffnet, in der sich eine große Fülle auftut. Wir sind wie schwebend und bewegen uns doch sicher und ausgeglichen auf der Erde. Wir sind wie abwesend und doch ganz da, ganz leer und voller Leben. Wir ruhen ganz in uns selbst und sind doch zugleich allem zuinnerst verwandt. Wir sind allem enthoben und zugleich in allem darin, sind allem verbunden und haften an nichts. Wir fühlen uns in unbegreiflicher Führung und zugleich frei. Wir fühlen uns aller Dinge und Ansprüche ledig, sind arm in der Welt und doch von innen gefüllt bis zum Rand, mächtig und reich. In solchen Augenblicken fühlen wir uns wie durchwirkt von etwas Kostbarem, das zugleich sehr zerbrechlich ist.

So kommt es wohl, daß wir uns unwillkürlich nur behutsam bewegen, uns hüten, anzuhalten und allzu genau hinzublicken auf das, was uns geschieht. Ein Urwissen macht sich bemerkbar, daß das warme Halbdunkel des wachen Gemütes hier nicht gestört werden darf durch den kalten Strahl unseres fixierenden Bewußtseins, der alles Lebendige einfriert. Wo immer das Sein uns berührt, ist es, als hörten wir dann eine Stimme der Mystiker, die sagt: „Sehen, als sähe man nicht, hören, als hörte man nicht, fühlen, als fühlte man nicht, haben, als hätte man nicht!" Aber das Wundersame vergeht. Mit einemmal ist es weg. Es genügt, daß wir uns wundern und fragen: „Was ist das?" Und es verschwindet. Was auch immer geschieht, von außen oder von innen, das uns aufmerken läßt und unser Bewußtsein, das eben noch einer breiten Schale gleich war, die, ohne zu fragen und festzustellen, nur einfach aufnimmt, zum Strahl macht, der spitz wie ein Pfeil das Erlebte als etwas Bestimmtes festnagelt – die Welt, eben noch wie verzaubert und seltsam mit uns verwoben, sinkt in die gewohnten Ordnungen zurück. Und verarmt stehen wir dann, auf uns selber gestellt, wieder der alten Welt gegenüber. Das soeben Gespürte schwindet wie ein Geträumtes dahin. Und doch *war* es kein Traum! Es war eine Bekundung der wahren, der eigentlichen Wirklichkeit, die für einen Augenblick in uns aufgehen konnte, weil wir geöffnet waren und frei von den Fesseln, in die unser gewöhnliches Bewußtsein uns schlägt. In solchen Erfahrungen überschreitet etwas unser gewöhnliches Bewußtsein, und wir erfahren etwas, das transzendenter Natur ist. Sei diese Erfahrung auch noch so kurz, vielleicht währt sie nur den Bruchteil einer Sekunde, sie hebt mit zwingender Evidenz jenes Leben ins Innesein, das uns unbewußt all unser gewöhnliches Ich-Welt-Erleben durchwirkt. Was es für eine Bewandtnis mit diesem größeren Leben hat, das der Mensch in solchen Augenblicken erfühlt, das wird erst an den *Großen* Seinserfahrungen deutlich. Man muß die Legitimität der Seinsfühlungen von der Seinserfahrung her verstehen. Von diesem Verständnis her zeigt sich dann umgekehrt die Bedeutung auch der flüchtigsten Seinsfühlung für das Fortschreiten und die Arbeit auf dem Weg (VI).

Seinserfahrung und die Dreieinheit des Seins

Von Seinserfahrungen als Erfahrungen des divinen Seins, der Transzendenz, des überweltlichen Lebens kann man nur sprechen, weil sie sich in ihrer Erlebnisqualität und ihren Auswirkungen so radikal von allen Welt-Erfahrungen unterscheiden, daß man sie als überweltlich von den anderen absetzen muß. Solche Erfahrungen sind es eben, die uns berechtigen, die Rede vom himmlischen Ursprung und von dem Reich, das nicht von dieser Welt ist, über den Bereich des Glaubens (der unangetastet fortbestehen kann) hinaus in den Bereich unbezweifelbaren Wissens zu nehmen.

Daß dieses Wissen nicht auf rational fixierbaren und erklärbaren Tatsachen beruht, sondern auf personalen Erfahrungen, deren Gehalt sich dem gegenständlichen Bewußtsein entzieht, macht es nicht verdächtig, sondern ist die Voraussetzung seiner Relevanz und Gültigkeit. Das hindert nicht, in dem, was personale Erfahrungen sind und aufschließen, eine *Ordnung* zu sehen, zu erkennen und „festzuhalten".

Wo immer uns jene Dimension anrührt, die als überweltlich zu behaupten bestimmte Erfahrungen uns berechtigen, hat sie einen trinitarischen Charakter. Es zeigt sich auch, daß die hier ins Bewußtsein tretende Trinität alles Lebendige bestimmt und somit der Schlüssel zum Verständnis alles Menschlichen überhaupt ist. Ein erstes Zeugnis von dieser Trinität mag der folgende Erlebnisbericht geben.

Über meinem Schreibtisch in Tokyo hing eine der böhmischen Landschaften von Caspar David Friedrich. Ein im Zen stehender

Japaner steht ergriffen davor und stellt mir dann die überraschende Frage: „War der durch?" „Was verstehen Sie unter ‚durch'?" fragte ich zurück. Ohne Überlegung folgte als Antwort eine dreifache Frage: „Hatte der noch Angst vor dem Tode? Sah der nicht den Sinn auch im Unsinn? Stand der nicht im Zeichen der universellen Liebe?"

Keine Angst mehr haben vor dem Tode – einen Sinn sehen, der jenseits ist von Sinn und Unsinn dieser Welt – und in einer Liebe stehen, die nichts mehr zu tun hat mit Sympathie und Antipathie – das sind die Zeichen des weltüberlegenen *Weisen.* Und nicht anders also konnte dieser Japaner die ihn ergreifende Transparenz des Meisterwerkes deuten denn als Zeichen dafür, daß der Maler es im Stande des Erleuchteten malte, das heißt des Menschen, der mit der Wirklichkeit des überraumzeitlichen und übergegensätzlichen Wesens eins geworden, von dorther jene vom Stand des natürlichen Ichs, das heißt des Unerleuchteten, paradoxe Einstellung zum Leben besitzt, in der der Mensch den Tod nicht mehr fürchtet, frei ist von der Verzweiflung an der Ungerechtigkeit der Welt und von einer Liebe beseelt, die nicht mehr abhängig ist von Bedingungen. Und daß diesem „Durch" diese dreifache Bedeutung zugeordnet wird, ist kein Zufall, keine private Meinung, sondern bekundet eine universale Struktur des Lebens überhaupt.

Vom Sein als dem überweltlichen LEBEN, das all unser weltliches Leben übergreift und durchdringt, könnten wir nichts aussagen, wenn es uns nicht in uns und in allem Lebendigen in drei „Weisen", das heißt in seiner Dreieinigkeit, begegnete. Und das Bewußtwerden der uns und alle Dinge im Wesen „ausmachenden" Dreieinheit des Seins ist die Voraussetzung und der Schlüssel für alles gültige Erkennen, Gestalten und Vollenden, von was und wem es auch sei. In welchem Sinn ist von der „Dreieinheit" zu sprechen?

Alles, was lebt, will *leben* und lebt aus einer *Kraft,* die es befähigt, zu leben und dem Lebenswidrigen Widerstand zu leisten, das heißt zu überleben.

Alles, was lebt, lebt nicht nur, sondern lebt und drängt in eine bestimmte *Gestalt.* Es hält sich nicht nur irgendwie in diesem

Dasein, sondern sucht ein bestimmtes *Sosein*. In der Gestalt und was ihr entspricht, hat das Lebendige seinen *Sinn*.

Alles, was lebt, lebt und vollendet sich nicht nur aus der Kraft zu leben und seinem Drang zu einer bestimmten Gestalt, sondern aus einer *Einheit* bezeugenden und Einheit stiftenden Kraft, die es in sich zusammenhält und dem Ganzen verbindet, an dem es teilhat.

In dieser Dreieinheit, die das Leben alles Lebens dieser Welt auszeichnet, offenbart sich das überweltliche LEBEN, das göttliche Sein, das in uns und in allem Lebendigen waltet, in der ihm immanenten Trinität: als die niemals zu erschöpfende *Fülle* des Seins, als die urbildliche *Ordnung und Gesetzlichkeit* des Seins und als die alles durchwaltende und allumfassende *Einheit* des Seins. In der Fülle des Seins gründen beim Menschen Kraft, Wille und Liebe zu diesem leibhaftigen Leben; in der Urbildlichkeit des Seins die Inbildlichkeit des Wesens und der daraus resultierende Drang des menschlichen Geistes zu einem sinnvollen Leben und seiner Vollendung in gültiger *Gestalt;* in der Einheit des Seins die Sehnsucht der Seele nach Liebe, nach *Ganzheit und Einssein* mit sich selbst, mit der Welt und mit Gott.

In dieser Dreieinheit des Seins – die alles Lebendige trägt und bewegt – gründen auch die natürlichen Grundanliegen des Menschen: *gesichert* und möglichst „lange“ zu leben, das heißt zu überleben; *sinnvoll* zu leben in einem Gefüge von Ordnungen und Gebilden, in denen Sinn, Wert und Gerechtigkeit herrschen; und in einem *Ganzen* zu leben, darin er Liebe erfährt und geborgen ist.

Die Grundanliegen des Lebens bedeuten auf der Bewußtseinsebene des natürlichen Ichs:

den Willen, zu überleben, das heißt den Willen zu gesichertem Leben, den Drang nach einem sinnvollen, das heißt dem eigenen Wesen entsprechenden, auch gerechten Leben, und die Sehnsucht nach Gemeinschaft.

Der Widerspruch zu diesen drei Grundanliegen begründet die Grundnöte des Menschen: die *Angst vor dem Tod*, die *Verzweiflung am Widersinn* und die *Trostlosigkeit der Einsamkeit*. Der Mensch leidet, wo sein Leben, sein Sinn und seine Geborgenheit in der Welt gefährdet sind. Er leidet darunter „natürlich“ in dem

Maße, als er mit dem Welt-Ich identifiziert ist und sich noch nicht in seinem „Wesen“ erfahren hat, darin das Sein in seiner Fülle, Gesetzlichkeit und Einheit in einer Weise präsent ist, die das, was Leben, Sinn und Einheit sind und was widersprüchlich zu ihnen ist, in völlig anderer Weise erleben läßt als dort, wo der Mensch im Ich ist. Ja – gerade die Nöte, die der Mensch dort erlebt, wo die Grundanliegen des Lebens, im Ichsinn verstanden, gefährdet sind, das heißt die Grundnöte seiner Existenz, werden zu Toren zum Erfahren des Seins und bilden die Voraussetzung und den Hintergrund der „Großen Erfahrung“, eben der Erfahrung einer Dimension, die jenseits dieser „Nöte“ liegt und die den Menschen aus ihnen befreit (X).

Drei Grunderfahrungen

Seinserfahrungen sind Erfahrungen, die wohl jedem von uns irgendwann einmal zuteil wurden, auf die wir aber meist nicht vorbereitet sind und die wir darum in ihrer Bedeutung nicht erkennen und wieder vertun. Es sind beglückende Augenblicke der Befreiung, oft hervorgehend aus uns an die Grenze treibender größter Not. Und eben diese „Grenzsituationen" können, wo der Mensch über die Schwelle tritt, die Begegnung mit dem bringen, was „jenseits" ist.

Den drei Grundnöten des Menschen entsprechend gibt es drei Grunderfahrungen des Überweltlichen in uns, dessen Bewußtwerden uns schlagartig aus der Weltnot befreit.

„In der Welt haben wir Angst...", aber so mancher hat es erfahren, wenn der Tod ganz nahe war, z.B. in Bombennächten, in schwerer Krankheit oder in anderen Lagen drohender Vernichtung, wie gerade in dem Augenblick, in dem die Angst ihren Höhepunkt erreichte, der Tod unausweichlich war und endlich die natürliche innere Abwehr zusammenbrach, daß er, wenn er sich jetzt freiwillig unterwarf und vielleicht nur für den Bruchteil einer Sekunde die für den natürlichen Menschen unannehmbare Situation annahm (also vom Ich her gesehen, das ja immer „bleiben" will, eine völlig paradoxe Handlung beging), schlagartig ganz ruhig wurde, unversehens von aller Angst befreit, und spürte, ja mehr, mit einemmal wußte, daß etwas in ihm da und lebendig ist, an das kein Tod und keine Vernichtung herankommt, ja mit dem, was in der Welt „Tod" heißt, überhaupt nichts zu tun hat. Für einen Moment war es ihm klar: „Wenn ich je hier wieder herauskomme, dann weiß ich ein für allemal, von woher und auf was hin ich zu leben habe." Der Mensch weiß nicht, *was* es ist, das er da erlebt, *wer* es ist, als den er sich für einen Augenblick erfuhr, aber er fühlt sich plötzlich ein anderer und in einer anderen Kraft. Er weiß nicht, woher, und weiß nicht, wozu. Er weiß nur: Ich stehe in einer unvernichtbaren Kraft. Hier wurde der Mensch vom Sein angerührt. Es trat in sein Innesein, das heißt, das Sein konnte Innesein werden, weil das natürliche Ich nachgab und das Gehäuse zerbrach, darin er sich selbständig eingerichtet, damit zugleich aber dem Sein gegenüber verstellt hatte.

Die Erfahrung, in der der Mensch im Erleben eines ihm todjenseitig Innewohnenden die Angst vor der Vernichtung verliert, ist eine der Erfahrungen, die ihn veranlassen, von einem überweltlichen Sein zu sprechen.

Die zweite Grundnot dieses Lebens liefert das Absurde, das schlechthin Widersinnige, wo es den Menschen über die Grenze ertragbarer Verzweiflung hinausdrückt und an die Grenze des Wahnsinns bringt. So beispielsweise dort, wo ein Mensch unmenschlich behandelt wird und sich nicht wehren kann, wo er ein Maß an Ungerechtigkeit erfährt, das unerträglich geworden ist, an einen Menschen gebunden oder in Umständen verhaftet, die schlechtweg widersinnig sind usw. Auch hier kann es das vom Natürlichen her paradoxe Ereignis geben, daß der Mensch einmal tut, was er von seinem gewöhnlichen Standort nicht kann: das Unannehmbare anzunehmen. Dann hat es mancher erfahren, daß in dem Augenblick, in dem er nachgab, „ja" sagte zur sinnwidrigen, aber unabwendbaren Situation, ihm plötzlich ein tieferer Sinn aufging, ein Sinn, der nichts mehr zu tun hat mit Sinn und Unsinn dieser Welt. Mit einemmal fühlt sich der Mensch in eine unbegreifbare Ordnung gestellt. Klarheit durchleuchtet ihn. Man kann nicht sagen, Klarheit durch was, über was oder Klarheit wozu. Es ist ganz unerklärbar, aber der Mensch steht ganz einfach „in einer überweltlichen Klarheit" wie vordem „in einer überweltlichen Kraft".

Es gibt noch eine dritte Seinserfahrung von gleichem Rang, dort nämlich, wo der Mensch in totale Einsamkeit geworfen – etwa durch den Verlust des nächsten Lebensgefährten, durch Ausstoßung aus seiner Gemeinschaft u. a. – in eine Traurigkeit fällt, die das ihm mögliche Maß ertragbarer Trostlosigkeit überschreitet. Wenn es ihm dann geschenkt wird, das Unvollziehbare zu vollziehen und sich, auch nur für einen Augenblick, der Wirklichkeit, so wie sie ist, zu unterwerfen, wiederum also das Unannehmbare anzunehmen, dann *kann* es geschehen, daß er sich plötzlich aufgefangen fühlt wie von unsichtbaren Armen, von einer Liebe umfangen und in einem Geheimnis geborgen, wovon er nicht sagen könnte, wer ihn liebt oder wen er liebt. Er befindet sich einfach, wie vordem in einem Zustand der Kraft und in einem Zustand der Klarheit, so nun in einer überweltlichen Liebe geborgen und ist damit eines alle seine bisherigen Daseinsvorstellungen übergreifenden, in ihm aufgegangenen, alles in sich aufnehmenden und aufhebenden überweltlichen Seins teilhaftig geworden (IV).

Dreierlei Selbstbewußtsein

Die Dreieinheit des in uns zur Manifestation drängenden Seins ist ein Apriori menschlicher Erfahrung. Denn ob wir uns dessen bewußt sind oder nicht, wir erfahren uns selbst und die Welt immer und überall in diesem dreifachen Aspekt. So auch in unserem Selbstbewußtsein. Der Dreieinheit des in uns bewußtwerdenden Seins gemäß gibt es drei Formen des Selbstbewußtseins. Das Sein als Fülle des Lebens erscheint als Selbst-*Kraft*bewußtsein, das Sein als Gesetz in uns als Selbst-*Wert*bewußtsein, und das Sein als allverbindende Einheit erscheint als Selbst-*Wir*bewußtsein. Immer aber bedeutet Selbstbewußtsein etwas anderes, je nachdem, ob der Mensch noch allein im weltbedingten und weltbezogenen Ich verwurzelt ist, also nur ein Ich-Welt-Selbst hat, oder aber im weltüberlegenen und unbedingten Wesen, also ein im Wesen begründetes Selbst hat, das heißt, sich selbst nur in seiner irdischen oder auch in seiner himmlischen Herkunft gegenwärtig ist, wie sie ihm in der Seinserfahrung aufgegangen sein mag.

Ist der Mensch nur in seinem Welt-Ich gegründet, dann hängt sein Selbst-Kraftbewußtsein von dem ab, was er hat, weiß und kann; das im Wesen gegründete Selbst-Kraftbewußtsein aber in dem, der er ist. So bewährt sich dieses gerade dann, wenn er, von der Welt her gesehen, nichts mehr hat, weiß oder kann; und gerade, wenn ihn Vernichtung bedroht, fühlt er sich fest gegründet in einem anderen Leben, unvernichtbar in dem, der er *ist.* Dies kann das Geschenk einer Großen Erfahrung sein.

Das Selbst-Wertbewußtsein des Welt-Ichs hängt ab von der Schätzung durch andere. Das im Wesen gegründete Selbst-

Wertbewußtsein ist davon völlig unabhängig. Ja es wird erfahren gerade dort, wo die Welt einen ablehnt, nicht versteht oder verachtet. Es ist die Basis einer königlichen Unabhängigkeit.

Das Selbst-Wirbewußtsein des Welt-Ichs hängt ab vom Vorhandensein gesicherter Kontakte, faktischer Verbundenheit mit einem Du und Geborgenheit in einer Gemeinschaft. Im Wesen gegründete Geborgenheit in einem „Wir“, das heißt das wahre Selbst-Wirbewußtsein, wird erfahren gerade in Augenblicken der Ausgeschlossenheit von der Welt, in der Trostlosigkeit eines Alleingelassenseins, in der Einsamkeit. Gerade auf dem Hintergrund eines Alleinseins in der Welt spürt der im Wesen Gegründete die Zugehörigkeit zu einem ihn bergenden, überweltlichen Ganzen, durchströmt von Liebe. Auch dieses kann das bleibende Geschenk einer Großen Erfahrung sein (XI).

Mächtigkeit, Weisheit, Güte

Seinserfahrung ist die Erfahrung einer Dimension, in der das raumzeitliche Dasein mit seinen Nöten überrundet und überwunden ist. Der Mensch erfährt sich in seinem Wesen und darin in einer überweltlichen Kraft, einer nie geahnten *Mächtigkeit*, in der Klarheit einer *Weisheit*, die die Frage nach dem Sinn auf eine ganz andere Ebene rückt, und zugleich in einer Liebe, die alsbald ausstrahlt in einer *Güte*, die in dem, was sie umfängt, völlig unabhängig ist von Bedingungen, von Sympathie und Antipathie, von Gut und Böse. Überweltliche Mächtigkeit, Weisheit und Güte, sind das nicht – so kann der, der diese Drei in sich erfährt, mit fast erschreckendem Staunen feststellen – die drei großen „Eigenschaften", die alle Religionen ihren Göttern zuschreiben? Gewiß, aber ist solches auszusagen nicht eine Subjektivierung oder Psychologisierung des Göttlichen oder eine gefährliche Hybris, die hier ihr Haupt erhebt? Keines von beiden! Es ist Ausdruck einer Erfahrung, daß wir im Wesen teilhaben am Göttlichen selbst. Nur solange der Mensch gebannt bleibt in den allzu menschlichen Schranken seines ich-zentrierten gegenständlichen Bewußtseins und dem ihm entspringenden ontologischen Wirklichkeitsbegriff, in dessen Umkreis das ungegenständlich Erfahrene, weder das Vorgegenständliche noch das Übergegenständliche, so wie es faktisch erfahren wird, eingeht und Platz hat, erscheint ihm die Behauptung, er habe im Grunde selbst teil am Göttlichen, hybrid. Eben diese Teilhabe am göttlichen Sein gilt es aber zu erkennen und anzunehmen, und das ist dann nicht Zeichen einer Hybris, sondern echter *Demut.*

Demut hat zwei Seiten: Die eine uns allen geläufige bedeutet:

„Nicht mehr scheinen wollen, als man ist!“ Die andere, meist vergessene, aber bedeutet: „Nicht weniger sein wollen, als man ist!“ Es ist eine den Sinn der Großen Botschaft und die tiefsten Erfahrungen des Menschen schlechtweg verdrehende Betrachtung und Behauptung, wenn man ihn mit seinem aus dem Sein sich herausstellenden Ich identifiziert und von daher ihn als überhaupt gottfern und bis in den Grund hinein ungöttlich erklärt, statt ihm die Göttlichkeit seines Wesens und damit das Königliche seines Menschseins als Grundcharakter zuzuerkennen. Es ist die irrtümliche Annahme des Unerfahrenen, daß die Erfahrung unseres göttlichen Wesens „hybrid“ mache – im Gegenteil läßt gerade sie uns die unendliche Distanz spüren und erkennen zwischen dem, der man je unter den Bedingungen der Welt geworden ist, und dem, der man als ein vom Wesen Geprägter ist und vollends werden soll. Aber keine Fehlform der Ichwerdung, in der der Mensch seinsfern eigenwillig nach Besitz, Geltung und Macht strebt, kann ihm den Kern rauben. Echtes Schuldgefühl und Sündenbewußtsein gibt es daher nicht nur gegenüber der Welt und den Menschen, sondern mehr noch aus einer Veruntreuung dieses Kerns.

Sündenbewußtsein und Schuldgefühle können daher nur dort das Bild vom Menschen prägen, wo die für die Bildentwicklung Verantwortlichen der Seinserfahrung ermangeln, das Welt-Ich für das Wesen setzen und dies, selbst wenn sie es einmal erfahren, aus Angst vor der Hybris nicht wahrzuhaben wagen.

Wir müssen heraus aus der irreführenden Tradition, die aus Angst vor der Gefahr der eitlen Superbia das stolze Selbstbewußtsein eines in seinem Grunde königlichen Wesens scheut und den Menschen theoretisch in einer falschen Anthropologie sieht, die, weil sie zu eng ist, ihn praktisch in Minderwertigkeitsgefühlen festhält. So auch scheut sich der in der negativen Tradition aufgewachsene Mensch, der die Große Erfahrung *hatte* und sich in ihr als ein ganz anderer begriff, sich nun zuzugestehen, daß er mit ihr und durch sie nun einen menschlichen *Rang* gewann, der höher ist als der eines Menschen, der die Erfahrung nicht hatte oder nicht von ihr verwandelt wurde. Einen höheren Rang? Ist *das* nicht hybrid? Nur wenn der, der das Sein erfuhr, das „Mehr“, das er nun hat, seinem Welt-Ich zuschlägt und zugute hält, ist er hybrid. Wenn er sich aber sein nun Mehr-*Sein* als Person als Geschenk aus dem Wesen zuzugestehen wagt, wird er das ihm Zuteilgewordene richtig verwalten und insbesondere in der Lage sein, denen, die es in sich selbst suchen, zu helfen, es zu finden. Sündig wird der Mensch, der an dem, was er von Gott her im Wesen ist, vorbeilebt und es, wo er es erfährt, nicht wahrhaben will, nicht aber der, der es beglückt annimmt und als Auftrag selbstverantwortlich zu erfüllen sucht, was er als Verheißung erlebt, als Verheißung, die uns allen als Kindern und Bürgern des Reiches, das nicht von dieser Welt ist, innewohnt.

Zwei Kräfte wirken im Menschen gegeneinander: Der Drang des Wesens, offenbar zu werden in der Welt, und die Eigenmächtigkeit des Ichs, das sich in seinem Bleibewillen und seinem Wertbewußtsein, seiner Schmerzscheu und Lustbedürftigkeit dem Wesenswillen widersetzt. Der Durchbruch zum Wesen in der Seinserfahrung kann daher auch zwei Gesichter haben: die Befreiung aus der dreifachen Not, die dem Menschen ja erst aus seiner Ichzentrierung kommt, denn aus ihr heraus leidet der Mensch ja die Angst, die Verzweiflung und die Trostlosigkeit in und an der Welt. Zum anderen aber kann der Durchbruch zum Wesen auch ganz einfach und ohne aktuelle Not die leuchtende Erfahrung der uns im Wesen innewohnenden Verheißung aus dem Wesen sein. Stunden der Gnade, der Erfahrung der uns in und mit unserem Wesen eingeborenen Gnade! Augenblicke alles umfassender Verwandlung! Mit einem Schlage ganz ohne Anlaß fühlt man sich als ein anderer, und alles im Umkreis, die Menschen und die Dinge, sind in ein anderes Licht getaucht und leuchten aus einem anderen Kern!

Es ist wichtig, sich dieser beiden Möglichkeiten bewußt zu sein: der Seinserfahrung als Wende einer Not und der Seinserfahrung, in der gleichsam unbegründet, ganz einfach als ein Geschenk, das Wesen ins Innesein tritt, leuchtend wie ein Strahl aus einer anderen Welt, der alles in einem neuen Licht aufleuchten läßt. Der ganz unvermutete Einbruch liegt ja schon in der Seinsfühlung vor – die uns so ganz ohne Not mit einem Male den Hauch des Seins fühlen läßt. Wenn man näher hinsieht, wird man freilich entdecken, daß solch überraschender Seinsfühlung meist Leidensdurchgänge vorausgegangen sind, in denen der Mensch ein Stück seines wohlgehüteten Ichbesitzes drangegeben hat, Tage, in denen er fast an einem Unannehmbaren zerbrach, Nächte der Tränen, der Trauer oder des Leidens an einer Widersinnigkeit oder Schuld dieser Welt. Vor die Tugend haben die Götter den Schweiß gesetzt – vor den Eintritt in ihr Reich die Preisgabe der „Reiche“ des Bürgers dieser Welt.

Die Kriterien echter Seinserfahrung

Die Seinserfahrung ist das Erlebnis einer Wirklichkeit, die das natürliche Ich und sein Begriffsvermögen überschreitet, ja sogar paradox zu ihm steht. Diese Erfahrung nimmt die in ihr aufgehende übernatürliche Wirklichkeit aus dem Bereich bloßen Glaubens heraus und fügt sie dem Wissen des Menschen als ein besonderes Wissen hinzu. Solche Erlebnisse sind häufiger, als man weiß. Aber erst der Mensch einer bestimmten Stufe ist auf sie hin gestimmt und fühlt sich in der in ihnen aufgehenden Wirklichkeit im Grunde beheimatet und ihr verpflichtet. Was aber gibt die Gewißheit, daß hier wirklich ein gültiges Wissen gewonnen wurde und daß der Mensch nicht das Opfer einer Illusion, einer Projektion subjektiver Wünsche und Hoffnungen geworden ist? Welches sind die Kriterien dafür, daß solche Erfahrungen wirklich Erfahrungen einer anderen Dimension, also gültige Seinserfahrungen sind? Es sind deren fünf:

1. der unverwechselbare Charakter ihrer Qualität,
2. die besondere mit ihr einhergehende Strahlung,
3. die Verwandlung,
4. die Geburt eines neuen Gewissens,
5. das Auftauchen des Widersachers.

Die Qualität des Numinosen

Zu jeder Seinserfahrung, aber auch schon zu jeder Seinsfühlung gehört die spezifische Erlebnisqualität des *Numinosen.* Das

Numinose ist die Qualität des Erlebens, die immer, und wenn auch noch so zart, die Präsenz des alldurchwaltenden LEBENS durch den Schleier des unmittelbar Gegebenen und das Bewußtsein vordergründig Beherrschenden hindurch spüren läßt. Es berührt uns und umfängt uns als eine uns eigentümlich berührende Aura, die durch die Wand der hart konturierten Tatsachenwelt hindurch etwas ins Innesein bringt, was die Tatsachenwelt übergreift und doch auch in ihr aus dem Wesen aller Dinge spricht. In dem Maße, als der Mensch sich bei erkannten Dingen aufhält, Welt-Wirklichkeit im einzelnen oder in größeren Zusammenhängen fixiert und sich in ihren Ordnungen bewegt, gerät ihm die nie fixierbare Schwingungswirklichkeit des LEBENS aus dem Sinn. Anders gesagt, es kommt ihm die ihn im Grunde immerzu weitende, lebendig erhaltende, beseelende und erneuernde Wunderkraft der in allem präsenten Ganzheit des LEBENS nicht ins Innesein. Aber weil eben die Präsenz dieses allumfassenden Ganzen in der Form und Sprache seiner Individualität den eigentlichen Kern jedes Menschen ausmacht, kann sie, wenn sie allzulange in den Schatten verwiesen wird, eines Tages revoltierend und befreiend ins Licht des Bewußtseins treten und allem eine neue Beleuchtung geben.

Das Numinose ist die Qualität, die untrüglich und unverwechselbar die Präsenz einer anderen Wirklichkeit im menschlichen Bewußtsein anzeigt. Kein Wort reicht aus, sie zu bezeichnen. Sie ist nirgends einzuordnen. Sie sprengt jedes Wort, jeden Begriff, jedes Bild, ist nicht der Superlativ eines besonderen Gefühls des Schönen zum Beispiel oder des Guten. Es ist ganz etwas anderes, das sich allen Welt-Gefühlen, Stimmungen, Qualitäten, überhaupt allen Inhalten zugesellen kann – unter einer Voraussetzung: daß sie transparent seien für eben dies unbeschreibbare ganz andere, das uns in der Qualität des Numinosen anrührt.

Das Numinose durchwittert den Gehalt jeder religiösen Erfahrung. Wir haben im Deutschen keine Bezeichnung dafür. Das Wort „das Heilige“ trifft es nicht ganz. Wohl ist alles Heilige numinos, aber nicht alles Numinose ist heilig. Im Französischen haben wir zwei Begriffe – „saint“ und „sacré“, das „Sanctum“ und das „Sacrum“. Wir müßten sagen: das Heilige und das Sakrale. Das Heilige ist in unserer Tradition verbunden mit einer

Person – der Person Gottes, Christi, der heiligen Mutter Gottes, des Heiligen Geistes oder der Heiligen. Es hat nun den Anschein, als ob das Abrücken des Menschen unserer Zeit vom traditionellen Glauben und damit von der Präsenz heiliger Personen ihn für das Zulassen des Numinosen überhaupt, auch des Sakralen, kopfscheu gemacht habe. Wir müssen die Unbefangenheit gegenüber dem Erleben des Numinosen wiederherstellen, ja mehr noch, ihm den ihm gebührenden Rang in der Hierarchie erfahrbarer Qualitäten geben.

Der Begriff des Numinosen umfaßt mehr noch als das Sakrale. In ihm klingt die Ambivalenz des Transzendenten, also auch die dunkle Transzendenz, mit an. Das Grausige, Gruselige, Gespenstische, Teuflische hat auch eine numinose Qualität.

Die Qualität des Numinosen kann allem anhaften. Sie kann erfahren werden in der Natur, in der Begegnung mit einem Menschen, im Tanz, in der Erotik, in der Kunst (z. B. in bestimmten Augenblicken, wo das Wort „schön" nicht mehr zureicht). Immer ist es, wie R. Otto für das Heilige gezeigt hat, zugleich ein Tremendum und ein Fascinosum, das uns da anrührt. Es ist etwas, das uns, wie C. G. Jung sagt, „überwältigt", uns mit den Mächten des Anziehenden sowohl wie des Gefährlichen über den gewöhnlichen Raum unseres Welt-Ichs hinaushebt oder hinauslockt in eine andere, unseren Ich-Horizont transzendierende Dimension, in der uns etwas erwartet, das vernichten kann oder auch retten, gefangennehmen oder befreien. Immer aber trägt uns das uns im Numinosen Anrührende irgendwie über uns hinaus.

Die unheimliche Ambivalenz des Numinosen durchwittert das Reich der Meister, der Künder und der Mittler des Verheißenen, aber auch des Zerstörers all dessen, was sich ihm in den Weg stellt. Gefahr ist in der Luft, die Gefahr, vernichtet zu werden als das alte Ich; aber eben darum ist die Luft auch voll der Verheißung eines neuen Seins. Und so ist der auf das Numinose gerichtete initiatische Weg immer unheimlich umwittert von Gefahr und von Verheißung.

Das Numinose gehört zu den Grundqualitäten des kindlichen Erlebens. Im Kleinkind ist das Leben noch ungebrochen und ungeteilt, noch als ungeschiedene Ganzheit gegenwärtig. Wo dann das gegenständliche Bewußtsein und sein Zentrum, das seiner selbst und seiner Welt bewußte Ich, zu erwachen und zu wachsen beginnt, kann die das Leben doch noch tragende, beseelende und bergende Einheit im Randbewußtsein jene Qualität des Erlebens zeitigen, die später dann in vielen Menschen als der „Glanz der Kinderzeit" fortlebt und erinnert wird. Solange das gegenständlich rationale Bewußtsein, das Tat-Sachen schafft, in Begriffen fixiert und sich an ihren Ordnungen orientiert, noch unentwikkelt ist, bleibt das gesamte Erleben wie beim „Primitiven" doch maßgebend noch von etwas wundersam Umfassenden durchwittert. Die weitere Entwicklung des gegenständlichen, Tatsachen schaffenden, rationalen Bewußtseins geht dann mit dem Verlust jener Stimmung einher, die später dann als Zauber der Kindheit erinnert werden kann. Aber – mit dem Einschießen des Bewußtseinsblitzes, das mit einem Schlage die Umwelt zu einer Welt verwandelt, die Antwort gibt auf die sachliche Frage: „Was ist denn das?", das Erlebte fixiert und ihm Namen gibt, das heißt Tatsachen schafft, kann auch etwas aufblühen, das als Feld der Entdeckungen *selbst* einen numinosen Glanz haben kann. So erlebt das Kind dann wechselweise zwei Wunder: auf dem Hintergrund des noch undifferenzierten Ganzen das Wunder der sich allmählich gleichläufig mit dem Ich gegenständlich erstellenden „Welt" mit dem Zauber von allem, was es so – o Wunder – alles in ihr gibt; zum anderen: auf dem Hintergrunde der sich sachlich als eine Vielheit von Tatsachen konstituierenden Welt erlebt es „inständlich" auch noch das Wundersame des umgreifenden Ganzen in der numinosen Qualität einer all sein Erleben durchdringenden Aura (X).

Die Strahlung

Wer vom Sein berüht ist und ihm aufgeschlossen, vor allem der, der soeben in einer Seinserfahrung steht, aber auch der nachwirkend von ihr getragen ist, hat eine besondere Strahlung.

In der Strahlung erscheint eine Kraft, die den Horizont unseres gewöhnlichen Bewußtseins überschreitet. Der Heiligenschein ist keine Erfindung frommer Maler. Daß Menschen von großer Durchlässigkeit eine Strahlung besitzen, die sich bis zu konkreten Lichterscheinungen steigern kann, ist ein vielfach bestätigtes Faktum. Daß es, um sie zu sehen, eines besonderen Auges bedarf, nimmt ihrer Wirklichkeit ebensowenig weg wie irgendeiner Sinnesqualität der Umstand, daß sie eines sie Wahrnehmenden bedarf, um überhaupt zu sein. Aber der Sinn, der uns zum Wahrnehmen dieser besonderen Lichtqualität befähigt, kann entwickelt werden. Für die Arbeit auf dem Wege ist es jedoch wichtig, zu lernen, den Unterschied zu erkennen zwischen den Strahlungen eines flacheren Lichtes, das seinen Ursprung in weltlichen Gestimmtheiten, in Freuden oder Leiden dieser Welt hat, und den anderen, dessen Quelle ein Berührt- oder Durchwehtsein vom Hauch der anderen Dimension erkennen läßt.

Daß das Licht, das einen transzendenten Ursprung hat, über unserer gewöhnlichen Sehkapazität liegt wie gewisse Schwingunsfrequenzen über unserer normalen Hörfähigkeit, ist gewiß. Aber zum Wahrnehmen dieses Lichtes bedarf es nicht nur quantitativer Steigerung der gewöhnlichen Wahrnehmungskraft, sondern der Entwicklung eines qualitativ anderen Wahrnehmungspotentials. Wo dieses Potential ausgebildet ist, repräsentiert es eine andere Bewußtseinsstufe. Es gibt den seinsblinden oder seinstauben Menschen. So auch den, der solche Strahlung wahrzunehmen vermag oder nicht, am anderen und an sich selbst. Es gibt sehr intelligente Menschen, die seinstaub sind, und es gibt den rational unterentwickelten Menschen von großer Seinsfühligkeit. Die Differenziertheit der Seele ist etwas anderes als die Geschliffenheit des Geistes.

Sowenig die numinose Qualität der Superlativ einer gewöhnlichen Gefühlsqualität ist, so wenig ist auch das Strahlungslicht aus dem Sein ein optisches Phänomen im üblichen Sinn. Es ist eine Aura, die, indem sie von der Präsenz einer anderen Dimension zeugt, zugleich eine bestimmte Stufe des Menschen anzeigt und, um sie wahrzunehmen, auch eine bestimmte Durchlässigkeit voraussetzt. Für den, der diese Aura zu spüren vermag, verändert sich in der Gegenwart eines vom Sein durchdrungenen Menschen die „Luft“. Die Gesamtatmosphäre als Licht und Farbe, als Tonqualität, als Geruch und gleichsam taktil zu spürendes Medium hat einen besonderen Charakter und ist in besonderer Weise durchsichtig. Umgekehrt ist die Luft um einen sehr materiellen Menschen, das heißt seine Aura, undurchlässig, irgendwie pastös, oft stickig und etwas schmierig, tonlos, ohne Schwingung, geistig leer, ohne beseelende Kraft und in aller bisweilen auch saftigen Fülle ohne Tiefe.

Die Strahlung ist etwas anderes als die „Ausstrahlung" oder auch das „Strahlen".

Es gibt die beglückende Strahlung, die von einem jungen Menschen ausgeht, z. B. die Strahlung des jungen Mädchens, das noch nichts vom Argen weiß und unbefangen und rein dahinschreitet. Aber dieses ahnungsvoll Erfülltsein von einem Leben, das erst nur als Verheißung gegenwärtig ist, macht diese Strahlung aus. Jenes Strahlen ist am stärksten dort, wo das feststellende Bewußtsein beginnt, den Schleier des Nichtwissens um die schauende Seele zu weben, und wo nun in der nahenden Verdunkelung das Sein in besonderer Weise zu leuchten beginnt. Wo das Weltwissen sich festigt, darin alles Erlebte in feststehende Ordnung der Dinge umspringt, verblaßt das Licht aus dem Wesen, denn das Sein ist im „erfaßten" Dasein verstellt und verborgen, und verloren an die gegenständlich begriffene Welt, lebt der Erwachsene meist als der dem Seins-Licht Entwachsene dahin. Im Tageslicht seines Weltbewußtseins ist das Licht seines Wesens-Sternes verblaßt.

Alle Dinge und Wesen haben ihre Ausstrahlung, so die Pflanzen, die Blumen, die Bäume, die Steine, alle Dinge und auch die Menschen. Solche Ausstrahlung ist etwas wie die Emanation einer feinstofflichen Substanz. Ihr Charakter ist jeweils von Bedingungen abhängig. So auch die Atmosphäre, die von irgendeiner Sache ausgeht. In diesem Sinne haben alle Dinge, alle Wesen und Räume ihre jeweils besondere Ausstrahlung. So hat das Lebendige eine andere als das Tote, das Alte eine andere als das Neue, das Kranke eine andere als das Heile. Auch jede Farbe hat ihre besonders geartete Ausstrahlung. Und mit dieser hängt jeweils die Stimmung zusammen, auch die Stimmung eines Raumes, eines gemütlichen Wohnzimmers im Unterschied zu einem Laboratorium. Die Menschen haben ein verschieden feines Gespür für diese vielerlei Arten von „Ausstrahlung".

Die Strahlung, die mit der in der Seinfühlung oder Seinserfahrung vorliegenden Transparenz für das „Wesen" einhergeht, ist etwas Besonderes. In ihr rührt das LEBEN selbst uns an in immer anderer Sprache, aber mit einem doch auch immer gleichen Klang. Immer hat dieser den Charakter einer besondereren Reinheit, Frische und Tiefe. Es ist, als mache sich hier die ewige Jugend des Seins bemerkbar, auf das hin Transparenz öffnet. Das wohl bewegendste Beispiel hierfür ist der Vorgang der Verklärung auf dem Antlitz eines soeben Gestorbenen. Ein Leuchten ist da, wie ein Abglanz der Unendlichkeit. Der Glanz des Wesens geht von ihm aus. Und dann der erschütternde Übergang zum wirklichen Totsein, zur Leiche. Der Gestorbene fällt in sich zusammen, schrumpft und sinkt in sich ein (die Leiche ist der Mensch nicht mehr). Die Transparenz ist dahin, und wächsern und starr liegt einem Unwesen gleich ein lebloser Körper da, der nicht mehr antwortet, weder nach innen noch nach außen. Und im Zerfallen geht der Geruch der Verwesung von ihm aus. Die Verklärung ist Ausdruck einer dank der im Sterben voll eingetretenen Transparenz unmittelbar erfahrbaren Präsenz des Seins.

Die Strahlung, in der das Sein anspricht, ist nicht zu lokalisieren, ist jenseits aller Gegenständlichkeit. So auch kann man sie mit dem Bewußtsein, das feststellt und festhält, nicht wahrnehmen. So „sieht" der im rationalen Bewußtsein Befangene, z.B. der Arzt, der einfach den Exitus feststellt, die Verklärung nicht – er spricht vielleicht von „entspannten Zügen", von „friedlichem Ausdruck". Damit bleibt er an der Oberfläche des Endlichen und Bedingten hängen. Die Tiefe des allem Bedingten vorgegebenen und enthobenen Seins, die Majestät des Divinen, das hier Ereignis wird, ist ihm verschlossen. Die Strahlung des Seins geht uns nur in der Begegnung von Wesen zu Wesen auf. So auch fühlen wir uns, wo immer sie uns berührt, im Kern angerührt, angesprochen und in unserem wahren Wesen angerufen, angerufen und präsent.

Es gibt aber auch die dunkle Strahlung. Das ist etwas anderes als die negative Ausstrahlung eines Menschen, der unglücklich, verärgert, schlechter Laune ist oder angstbesessen und abweisend. Es gibt eine dunkle Strahlung transzendenten Charakters. Das ist etwas Unheimliches, so dort, wo etwas Böses, ein Vernichtendes von überweltlichem Charakter in der Luft ist, etwas Diabolisches schlechtweg, lustvoll Zerstörerisches, ein überdimensional höhnisch grinsendes „Nein", das allem, was Licht ist, als Kraft, Sinn, Liebe Hohn spricht. Es gibt diese zerstörerische Strahlung bei Menschen, Dingen und Räumen, die von dunklen Mächten besetzt sind.

Auf dem initiatischen Weg ist es wichtig, das Organ für die negative Strahlung, die negative Transzendenz anzeigt, ebenso zu entwickeln wie für die positive. Der Mensch auf dem Weg muß vor allem seine Affinität zur negativen Transzendenz zu erkennen lernen. Die geheime Anziehungskraft des Bösen. Der Widersacher *in* uns, dieses Prinzip, das das Leben in seiner Dreieinheit als Kraft, Sinn und Einheit grundsätzlich in Frage stellt oder vernichtet. Der Mensch *hat* den Teufel im Leib. Nur wenn er sich dessen bewußt wird, kann er zur Kraft werden, die das Böse will und dabei das Gute schafft! Der zum Geist Berufene erfährt auch die negative Transzendenz des Uroborischen, die geistbedrohende Verlockung der „Großen Mutter".

Es gibt aber auch das falsche Strahlen, das nicht vom Wesen, sondern von dem Ich ausgeht, das sich verführerisch an seine Stelle gesetzt hat. Es kommt dies falsche Strahlen von einem luziferisch gleißenden Licht, das blendet, aber nicht leuchtet. Sein Strahlen ist der wahren Strahlung oft sehr ähnlich. Und doch ist es etwas von Grund auf anderes. Die sichere Unterscheidung des wahren vom luziferischen Licht setzt Präsenz aus dem Wesen voraus. Der Mensch, der noch vom Welt-Ich besetzt ist, läßt sich leicht vom falschen Licht in die Irre führen, denn dieses hat immer etwas für das Welt-Ich Anziehendes und Bestechendes an sich. Aber es ist ein kaltes Licht. Es ist kein Herz darin. Es blitzt einen an wie ein Versprechen. Aber das ist eine Täuschung. Es ist verlogen, flach und nichts dahinter.

Man findet das falsche Strahlen bei Menschen, die ursprünglich vielleicht in besonderer Weise zum Träger des Wesens-Lichtes geboren sind. Weil sie sich aber selbst an die Stelle des durchblickenden Seins gestellt haben, kann dieses nicht durchdringen. Der Raum zwischen ihnen und ihrem Wesen ist unbereinigt. Er ist von ihrem selbstbewußten, geltungsbedürftigen und machtgierigen Ich verstellt. So bleibt der Mensch unerfüllt, und sein

„strahlender“ Blick hat etwas Bohrendes und Saugendes zugleich. Durch die scheinbare Fülle fühlen wir Armut und Leere, durch die vorgespielte Nähe und Wärme eine unverbindlich kalte Distanz und das Frösteln einer trostlosen Isoliertheit und durch die vertrauenheischende Eindringlichkeit tödliche Gefahr, den Mörder im Gewand des Freundes. Und trotz alledem sind solche Menschen mit dem irisierenden Blick, ihren blitzenden Zähnen und gewinnenden Gebärden, vor allem aber mit ihrem falschen Lächeln oft die geborenen Verführer (X).

Die Verwandlung

Was könnte es als Beweis für die Wirklichkeit eines „Erlebten“ Stärkeres geben, als daß es den Menschen von Grund auf verwandelt, ihn mit einem Schlag die Welt anders sehen läßt und ein neues Leben zu beginnen bestimmt und befähigt, das sich von Grund auf vom bisher gelebten unterscheidet.

Was könnte in der Welt der leidenden Menschheit das Prädikat „wirklich“ besser verdienen als das, was einen Menschen, der Angst hat, zu einem verwandelt, der den Tod nicht mehr fürchtet; von einem, der unter der Sinnlosigkeit und Ungerechtigkeit der Welt in Verzweiflung geriet, zu einem, der durch alles Absurde hindurch einen höheren Sinn spürt; und von einem, der in der Trostlosigkeit seiner Verlassenheit zugrunde geht, zu einem, der *in* ihr die Große Geborgenheit erfährt? Wie kann man dem, das solche Verwandlung zu einem übernatürlichen Verhalten, Erkennen und Erleben hervorbringt, den Charakter einer Wirklichkeit absprechen, und zwar einer Wirklichkeit von über weltlicher Natur?

Die andere Dimension, die transzendente Wirklichkeit, erscheint im Leben nicht nur als Retter aus der Not – als die überweltliche Fülle und Kraft, die uns aus der Vernichtungsangst befreit, als der überweltliche Sinn, der uns aus der Verzweiflung am Absurden, als die allverbindende Einheit, die uns aus der Trostlosigkeit totaler Einsamkeit erlöst. Sie erscheint auch als die Wirklichkeit, deren Auftauchen den, der nur als das Welt-Ich lebt und sich in seinen Sinn- und Wertordnungen genügen läßt, in jeder Hinsicht „umwirft"! Was für den Menschen festzustehen scheint und ihm Sicherheit gibt, erweist sich im Grunde als „auf Sand gebaut"; das, was vordergründig so sinnvoll erscheint, hält nun der Prüfung nicht stand, erscheint als im Grunde wesenlos; und die Geborgenheit in einer Gemeinschaft oder die Verbundenheit mit einem anderen Menschen sind in die Frage gestellt, ob sie nicht in Wahrheit das Wesen verdunkeln und als Erfüllung vortäuschen, was im Grunde eine Flucht vor dem ureigensten Auftrag ist.

Bei dem vom Sein Getroffenen wird das ganze Konzept des Lebens über den Haufen geworfen. Gutes Gewissen erweist sich als Fassade einer sich dahinter verbergenden Ängstlichkeit, Lüge und Schuld. Die Werte vor allem, denen der Mensch (nicht nur der Egoist) besten Willens nachging, werden vom Wesen her in Frage gestellt, nicht nur, weil feste Positionen ihm ohnehin widersprechen und jetzt unweigerlich hineingenommen werden in das Eingehen alles Gewordenen, sondern weil er vielleicht das Grundbegehren des Seins verfehlte, es in steter Verwandlung in seiner Dreieinheit offenbar werden zu lassen in der Welt.

Der Mensch *muß* mit seinen Kräften das Dasein bestehen, ihm Sinn verleihen und seine Gemeinschaft haben und erhalten. Aber genau in dem Maße, als er sich darin in einer bestimmten Form festsetzen und absichern will, bekommt er, sobald er sich dem Sein öffnet, früher oder später seine alles umwerfenden Forderungen unsanft zu spüren. Für den Christen ist das entscheidende Kriterium für die Wirklichkeit dessen, was in den Seinserfahrungen aufgeht, weniger die Erfahrung eines Erlöstseins von den Nöten dieser Welt als ein Gerufensein zur „Nachfolge", das heißt zu tätigem Sich-Aufschließen für das uns innewohnende „Reich, das nicht von dieser Welt ist". In der Welt hatte er Angst – indem er sein Welt-Ich hingab, sich der Vernichtung stellte, den Tod auf sich nimmt, erfährt er ein Reich, in dem kein Tod ist. Indem er das Absurde, die Qual der höchsten Ungerechtigkeit und Widersinnigkeit auf sich nimmt, das heißt, das für das Welt-Ich Unannehmbare annimmt, die Dunkelheit über sich kommen läßt, geht das Licht, das nicht von dieser Welt ist, in ihm auf. Und endlich, wo er die Einsamkeit, die letzte unlebbare Einsamkeit, durchleidet, erfährt er die Erlösung im Heimgenommenwerden in die überweltliche Einheit, die Liebe des Seins. Wie immer der gläubige Christ die Erlösung des Menschen von der Schuld durch das Leiden und Sterben Jesu Christi auffassen mag – eine Weise, es zu verstehen, ergibt sich also aus dem *Ernst*-nehmen der Sätze: „Mein Reich ist nicht von dieser Welt“, „ihr seid meine Brüder“, „ich habe euch ein Beispiel gegeben“. Wenn der Mensch dem Beispiel Christi im Annehmen des Unannehmbaren folgt, *erfährt* er dieses Reich, erfährt sich durch die konkrete „imitatio Christi“ von den Folgen seiner Absonderung erlöst. Er hat dann die ihm eingeborene Gnade – „daß er ‚es‘ im Kern seines Wesens *ist*“ – angenommen und im Fahrenlassen aller Ansprüche des Welt-Ichs auf Überleben, Sinn und Geborgenheit – die Seligkeit seines im Überweltlichen geborgenen Wesens, in welchem er nie unerlöst war, erfahren!

Eine andere Frage ist, wie lange ein Mensch sich im Gefühl dieser ihm in einer Seinserfahrung zuteil werdenden Erlösung halten kann. Eine noch andere Frage, wie weit diese Interpretation der „Erlösung durch Christus“ an der traditionell theologischen vorbeigeht. Sofern diese auf der einen Seite nur den „natürlichen“ Menschen vor Augen hat und auf der anderen Seite nur das *Mirakel* sehen will – gibt es keine Brücke zwischen beiden Interpretationen. Sofern aber auch der Theologe den „Kern des Menschen“ als etwas anerkennt, das über ihn hinausweist, als das ihm eingeborene „Wort“, hätte es keinen Sinn, wenn man das verwandelnde *Erleben* dieses Wortes aus den Möglichkeiten des Menschseins ausklammerte. Läßt man es zu, dann ist eine Brücke zum Verständnis des durch Christus dem Menschen Geschenkten geschlagen, eine Brücke, von deren Vorhandensein für eine Generation alles abhängt, die die religiösen Grundlagen ihres Lebens sucht, aber vom „Mirakel“ im Sinn des Welt-Ichs nichts wissen will. Im Seinserfahrenen ist der Gegensatz zwischen dem Verstandesmenschen und dem Mirakelgläubigen aufgehoben.

Jede echte Seinserfahrung enthält das beglückende Erleben eines Befreitseins von der Enge und der Not aller Bedingtheit in der Welt und damit etwas vom Glück einer ungeahnten Fülle, eines unendlichen Sinnes und einer überweltlichen Geborgenheit. Aber wirklich „echt" ist solche Seinserfahrung nur, wo sie mit der Geburt oder Erneuerung des Wesens-Gewissens einhergeht – also nicht nur Befreiung bedeutet, sondern unabdingbar eine Verpflichtung auferlegt und zu einem neuen Leben bereitmacht oder erneuert, dessen durchdringender und bestimmender Sinn fortan vor allem der „innere Weg" ist. Gemeint ist der Weg der Verwandlung zu einer Verfassung, dank der der Mensch immer fähiger wird, das zu bezeugen und dem zu dienen, was er in der Seinserfahrung für einen Augenblick als das Kraft-, Sinn- und Maßgebende erlebt hat! Es ist die Verpflichtung zum initiatischen Weg. Das hier erwachende Gewissen ist das absolute Gewissen.

Es gibt dreierlei Gewissen: das erste, *kindliche Gewissen*, kommt aus der *Angst vor der Strafe*. Diese Art Gewissen hat mehr Gewicht, als man gemeinhin ahnt. Die Angst vor der Hölle oder auch vor den Folgen eines schlechten oder falschen Lebens gehört dazu, das „karmische Gewissen".

Das zweite Gewissen wird erfahren als *Stimme des Ganzen*, dem man als Glied angehört. „Das Sein des Ganzen ist das Sollen seiner Glieder" (vgl. Psychologie der Gemeinschaft, Neue psychologische Studien, 1926). Die fraglose Einheit mit einem Menschen, einer Gemeinschaft, einer Sache, einer Idee, einem Werk, vorhandene Verbundenheit und Verpflichtung erscheint im „Biß des Gewissens", sobald man nicht automatisch in ihrem Sinn handelt, ihr gegenüber versagt oder „untreu" wird. „Die Treue ist das Mark der Ehre" (Hindenburg). Wird man untreu, verliert man seine Ehre, und das bedeutet, man verliert seine Existenz, das heißt die „Identität" als Glied in dem Kreise, in welchem Voraussetzung und Kriterium der Zugehörigkeit die Treue seiner Glieder ist.

Das dritte Gewissen ist das *absolute Gewissen*. Es wird dort erfahren, wo eine höhere Instanz einen zwingt, etwas zu tun, das das erste Gewissen hinter sich läßt, aber auch das zweite Gewissen ausschaltet, indem es gegebenenfalls eine Untreue, einen Verrat, einen Skandal verlangt. In diesem Gewissen erhebt sich gebieterisch die Forderung des Wesens, die alle Bindungen und Verpflichtungen dieser Welt außer Kraft setzt – „laß die Toten ihre Toten begraben". Und dieses Gewissen wird in der Seinserfahrung ins volle Bewußtsein gehoben, wie es umgekehrt, wo es den Menschen packt, selbst von einer Seinspräsenz zeugt.

Im Gehorsam gegenüber dem absoluten Gewissen geht es nicht um den alten Konflikt zwischen Neigung und Pflicht, sondern um eine durch eine „Neigung unseres Wesens" begründete Pflicht gegen Neigung *und* Pflicht in und gegenüber der Welt! Die Erfahrung und Stärkung dieses Gewissens gehört unabdingbar zum „initiatischen Weg".

Das Auftauchen des Widersachers

Es ist eine eigentümliche Sache, daß die Seinserfahrung unfehlbar den Widersacher auf den Plan ruft. Wo das Wesen erscheint, taucht die Widerwelt auf. Der Widersacher ist eine Macht, die das gottgewollte Leben verhindert oder zerstört. Je eindeutiger und unbedingter ein Mensch sich zum Überweltlichen hinfindet und in seinen Dienst tritt, um so gewisser ist der Widersacher zur Stelle und bemüht, ihn vom rechten Weg abzubringen. Das ist keine fromme Mär, sondern eine Erfahrungstatsache, die nicht psychologisch aufgelöst werden kann. Ist ein Mensch durch eine Seinserfahrung gesegnet, dann vergehen keine vierundzwanzig Stunden, und es widerfährt ihm etwas, das ihm den Segen der Stimmung verdirbt, in die die Erfahrung ihn befreiend und verpflichtend versetzt hat. Das widerfährt ihm von außen – nicht als eine psychologische Kompensation, die nach einem Gesetz des Ausgleichs bisweilen ein überschäumendes Glück in eine depressive Stimmung oder eine Trauerstimmung in eine äußerlich unbegründete Heiterkeit umschlagen läßt. Der Schlag kommt von außen: ein Angriff, eine Kränkung, eine schmerzliche Nachricht, ein Unfall – dazu kommt auch immer die verhängnisvolle Versuchung zu reden. „Wes das Herz voll, des läuft der Mund über." Leider, denn auch das beglückende Geheimnis lebt von seiner Bewahrung. Bricht man das Schweigen und läßt es heraus, ist sein Segen dahin.

Ein weltweites Beispiel für das Spiel des Widersachers ist die Droge. Es ist kein Zufall, daß in dem Augenblick – nicht vorher –, in dem die westliche Menschheit sich zum erstenmal auf breiter Front, vor allem auch die Jugend, der Seinserfahrung öffnet, der Widersacher auftaucht und ihr die Droge hinhält – „Sieh, du kannst es viel einfacher haben, das schöne Erlebnis, ein bißchen von diesem Stoff, und du bedarfst keiner Mühe mehr, und du hast es." Und die Jugend geht in das Garn der Versuchung, ohne Mühe zu schönen Erlebnissen zu kommen und dies an die Stelle einer inneren Arbeit, das heißt eines Bemühens zu setzen, das auf legitime Weise in einem Prozeß der Verwandlung das ermöglicht, was das Drogenerlebnis auf illegitime Weise mühelos zu vermitteln verspricht: eine Erweiterung des gewöhnlichen Welt-Bewußtseins zur Fähigkeit, das Überweltliche in seiner erlösenden und schöpferischen Fülle zu erfahren.

Transparenz

Jede Seinserfahrung bedeutet Verwandlung – Verwandlung als augenblickliches Erlebnis und Verwandlung als Auftrag. Die in der Seinserfahrung angelegte und aufgegebene Verwandlung zielt auf die Große *Durchlässigkeit*, auf *Transparenz* für die dem Menschen innewohnende *Transzendenz.* Transparenz, das bedeutet die Verfassung, in der der Mensch fähig ist, das seinem Wesen innewohnende überweltliche Sein zu vernehmen und in sich und durch sich offenbar werden zu lassen in seiner Welt. In dieser Transparenz wird der Mensch erst eigentlich *Person.*

Das Sein als allbelebende Kraft, Gestaltungsmacht und Licht erscheint in der Dreieinheit seiner Leben zeugenden Fülle, Inbildlichkeit und Einheit im Zustande der Transparenz bald mehr in dem einen, bald in dem anderen Aspekt.

In allen drei Weisen berührt uns die Strahlung des Seins verschieden, je nach der Reifestufe des Menschen. Aber wahrhaft spürbar, in unbegreifbarer Weise greifbar, wird das Sein nur im Hin und Her der drei Weisen, in denen es sich dem menschlichen Sinn offenbart. Dieser seinsoffene Sinn ist jedoch selbst eine Weise des sich offenbarenden Seins. Einem nur weltlichen Sinn bleibt das Überweltliche auf ewig verschlossen. Und so ist das nur dem Menschen mögliche Innewerden des Seins in der Dreieinheit seiner Weisen keine nur menschliche Weise zu sehen, sondern gewissermaßen eine Selbstbegegnung des Seins im Bewußtsein des Menschen. In dieser Selbstbegegnung offenbart sich das Sein in menschlicher Weise und hat darin einen für den Menschen, der sich in der Eigenläufigkeit seines gegenständlichen Bewußtseins selbst verfing oder verstieg, erlösenden und schöpferischen Charakter (X).

Wo das Sein als Fülle ins Innesein tritt, wird der Zustand der Transparenz erfahren als Kraft aus der Präsenz des in seiner schöpferischen Potenz funkelnden Seins. Der es erlebende Mensch spürt gleichsam den göttlichen élan vital, fühlt im Überschwang des in ihm drängenden Lebens sowohl die erneuernden als auch die gestalt-schöpferischen Formeln des Lebens, die bewahrenden und erneuernden Kräfte der Tiefe. Er erfährt dies alles gleich einem unendlichen Potential, das, ins Innesein drängend, ihn schier sprengt. Und in der echten Seinserfahrung erlebt er dies alles gänzlich unabhängig von seiner Lage in der Welt. Ja, das eben kennzeichnet die Große Transparenz, daß die in ihr sich schenkende Erfahrung des Seins völlig unabhängig ist von aller Entsprechung im raum-zeitlich bedingten Dasein. Die Fülle des Seins wird als Macht, Reichtum und Kraft gerade in Zuständen großer Armut, Ohnmacht und Schwäche erfahren. Und so auch steigt das Sein in seiner sinngebenden Inbildlichkeit gerade in verzweiflungsvoller Widersinnigkeit der Welt auf, tritt als alldurchdringende, bergende Einheit gerade im Zustand größter Verlassenheit und Einsamkeit ins Innesein. So bedeutet echte Transparenz die Überwindung der Welt mitten in ihrer Gefährlichkeit, Widersinnigkeit und Grausamkeit und der ihnen entsprechenden Zustände der Angst, Verzweiflung und Traurigkeit. Ja, die Transparenz für das überweltliche Leben ist gleichsam ein Kind des Todes im kleinen Leben und seines Trägers, des kleinen Ichs. Das ist zeitlebens so und vollends im physischen Tode, in dem die Herrlichkeit eines größeren Lebens auf den Menschen zukommt.

Die Seinserfahrung ist der Stern, um den das religiöse Leben aller Religionen kreist. Wie immer ihr Name ist oder was auch immer die besonderen Vorstellungen sein mögen, die sich mit ihr verbinden, je nach dem Kanon der geistigen und geistlichen Überlieferung, im Kern ist sie in verschiedener Tiefe, Nachhaltigkeit und Färbung immer das gleiche – ob sie Satori, Samadhi oder Präsentia Dei genannt wird. Und immer und überall gibt es sie als vorübergehendes Ereignis oder als ein Geschehen, das dem Menschen ein für allemal eine neue Prägung verleiht: Es gibt sie als vorübergehenden Zustand oder als nachhaltige, Stunden, ja Tage dauernde Stimmung. Und es gibt sie – je nach Bereitschaft, Stufe und Reifegrad – als schnell vorübergehenden Augenaufschlag aus dem Schlaf im gegenständlichen Bewußtsein oder als endgültiges Aufgewachtsein zu neuer Sicht. Aber eine Erleuchtung, sei sie einmalig oder sich wiederholend, von kurzer oder längerer Dauer, gibt noch keinen Erleuchteten, ein Zustand der Gnade noch keinen von der Gnade Verwandelten. So ist zu unterscheiden zwischen Erlebnis und Verwandlung, zwischen der initiatischen Erfahrung und dem initiatischen Weg, der zu dieser Erfahrung hin bereitet, um diese Erfahrung kreist und das in ihr Erfahrene als Auftrag zu einer Verwandlung aufnimmt.

IV

Der Weg

Seinserfahrung und Verwandlung

Wo es für den Menschen zur Erfahrung eines übernatürlichen Seins kommt, kann dies ein Wandlungserlebnis bedeuten, das den Sinn des Lebens um hundertachtzig Grad wendet. Wo die Achse des Lebens aus der Mitte des natürlichen menschlichen Daseins zu einem neuen Lebensgrund hin durchbricht, der auf dem Hintergrund des natürlichen Welt-Daseins als ein übernatürliches divines Sein erfahren wird, steht der Mensch im Zeichen eines neuen Auftrags. Doch nur, wo der Mensch es vermag, die Erfahrung so tief ernst zu nehmen und in sich Raum greifen zu lassen, daß sie zum Impuls für ein neues Leben wird, gelangt er auf den Weg. In dem da erfahrenen Übernatürlichen weiß er sich dann fortan getragen und gespeist, geformt und gerufen, gerichtet und geborgen von einem LEBEN, das ihn umfängt und im Grunde seines Wesens selbst mit ausmacht!

Echte Seinserfahrung erweist und erfüllt sich erst im Gehorsam gegenüber dem Ruf, sich nun wirklich zu dem zu verwandeln, als den man sich *in* der Erfahrung für einen Augenblick erfuhr. Dann fühlt der Mensch sich und seine Welt fortschreitend von einer Wirklichkeit her bestimmt, die ihn als übernatürliches Sein nicht nur beglückt, sondern streng in Dienst nimmt. Beglückt, aber zugleich von einer neuen Verantwortung erfüllt, weiß er sich dann mit einem Male dazu bestimmt und gerufen, die Welt und sich selbst von diesem Sein her in einem tieferen Sinn erkennend, liebend und gestaltend zu erschließen und von Grund auf zu verwandeln. Sein Leben steht nicht mehr in der Spannung zwischen den Verlockungen und Forderungen der Welt und der Furcht oder dem Gehorsam gegenüber einem fernen Gott – sondern auf dem Weg zur fortschreitenden Entbindung der ihm innewohnenden und nun in ihm aufgegangenen göttlichen Kraft, die ihn immer wieder nicht nur von den Nöten dieses Daseins erlöst, sondern *schöpferisch* macht zur gottgemeinten *Verwandlung* der von ihm verantworteten Welt (X).

Das Einswerden mit dem Sein als Erlebnis, die Erfahrung des himmlischen Ursprungs in einer Sternstunde unseres Daseins ist nur der mögliche Anfang und Ausgangspunkt eines Weges zur Verwandlung des Menschen, deren Sinn die Transparenz ist, die fortschreitende Durchlässigkeit des ganzen Menschen für das in seinem Wesen anwesende Sein. Der Sinn der Großen Erfahrung, in der das Ich „eingeht", ist nicht seine totale Auflösung, sondern seine Verwandlung. Die Verwandlung zur Transparenz ist die Aufgabe des inneren Weges. Auf ihm muß der Mensch lernen, fortschreitend mitten im „Außen" dem „Innen" nicht nur seiner selbst, sondern auch aller Dinge gerecht zu werden.

Wo Sein und Wesen nur im Gegensatz zum weltbezogenen und weltbedingten Ich wahrgenommen werden, ist der Mensch noch im Bann seines natürlichen Welt-Ichs, dessen Bewußtsein alles in Gegensätzen wahrnimmt und auch ganz naiv das Sein und die Welt wie zwei Etwasse unterscheidet, im Gegensatz zueinander wahrnimmt und als ein Gegeneinander empfinden läßt. Die wahre Frucht aber aus dem Einswerden des Menschen mit seinem Wesen ist eine neue existentielle Weise, dazusein, in der das übergegenständliche Sein und Wesen und ein ihm zugeordnetes Bewußtsein maß- und mittegebend das Leben bestimmt, derart, daß auch das weiter vorhandene natürliche Bewußtsein sich als das „profane" seiner Stellung im Vorhof des Tempels inne ist, in dessen Dienst es sich nunmehr, Erfahrung vorbereitend und nachbereitend, zu bewähren hat.

Die Überwindung des den Gegensatz zwischen Welt und Wesen stiftenden Bewußtseins ereignet sich nur als Frucht eines langen Werdeprozesses. Erst wenn dann der Mensch wirklich zur Person heranreift, werden die Raum-Zeit-Welt und die Überwelt miteinander integriert, so, daß das Welt-Ich immer durchsichtiger zum Wesen und dieses fortschreitend hindurchscheinender im Welt-Ich wird. In der Voll-Person, die beide Pole übergreift, fallen dann das Durchsichtige und das Hindurchscheinende immer mehr zusammen, und der Mensch, der dieses erfährt, kann von sich sagen: „Das Auge, das mich sieht, und das Auge, mit dem ich sehe, ist ein Auge.“ Dann ist kraft unserer Transparenz die uns immanente Transzendenz sich selbst offenbar geworden in unserem Menschsein.

Selbstverwirklichung geschieht beim Menschen nicht wie bei der Pflanze von selbst. Sie ist mittätige Antwort auf den Anruf: „Ich habe dich bei deinem Namen gerufen, denn du bist mein.“ Der den Menschen in seiner Einmaligkeit, also ganz persönlich und individuell meinende, zu einem neuen Leben verpflichtende Anruf, der in der Seinserfahrung erklingt, ist deutlich von dem auch in ihr enthaltenen Heim-Ruf zu unterscheiden. Der Mensch, der sich in der Welt verloren hat, muß in das Haus des Vaters heimkehren. Um darin zu bleiben und sich als Eigener auszulöschen? Das wäre östlich! Westlich aber und christlich, wie wir es meinen, verliert der Mensch in diesem Heimgang nur sein fremdgegangenes Ich, um nun als Zeuge des Vaters ein neues Ich zu zeugen, das wieder ausgeht in die Welt – als individuelle Person, durch die der Ruf des Seins welt-erlösend und schöpferisch hindurchtönt (VI).

Aber wer kennt seinen Namen? Dem Menschen wächst die ihm aufgegebene Gestalt nicht einfach zu. Erst muß er sich im Wesen und den ihm aus dem Wesen aufgegebenen Weg der Selbstverwirklichung entdecken. Dann bedarf seine Verwirklichung seiner verantwortlichen Mitwirkung. Ohne diese gelangt er nicht in die ihm zugedachte Form, aber ohne eine sich immer weitervertiefende Wesenserfahrung würde sein Einsatz die rechte Form verfehlen. Die rechte Form der gesuchten Transparenz ist nicht die Durchlässigkeit einer gefügten Form, sondern eine *Formel* des „Stirb und Werde“, in der der Mensch immer wieder dem nachwachsenden Leben alles Gewordene opfert. In und zu dieser Formel als zu einer Weise bewußten Daseins und personaler Freiheit heranzureifen ist der Sinn des Weges.

Der initiatische Weg und die Mystik

Der Weg, dessen Sinn das wahre Selbst ist, der zur Manifestation des Seins im Dasein verwandelte Mensch, ist der „initiatische Weg", das heißt der Weg, der das Tor zum Geheimen öffnet. Das Geheime, das ist eben das in allem, was lebt, verborgene LEBEN und SEIN. Es ist das, an dem teilzuhaben das Wesen aller Dinge ausmacht. Es ist das allübergreifende Ganze in seiner Präsenz im „Teil", die ihm sein Leben und seinen Sinn gibt. Die individuelle Weise, in der das übergreifende Ganze in einem Lebewesen anwest, spricht und ruft, macht sein „Wesen" aus, die geheime Mitte, um die alles kreist, von der alles ausgeht und um deren Offenbarung es letztlich geht. Dies allübergreifende Ganze kommt in der Seinsfühlung ins Innesein. Es durchstößt in der Seinserfahrung die Umfriedung der Ordnung, in der die Persönlichkeit sich seinsscheu abgekapselt und weltgemäß eingerichtet hat und eigenläufig ihre Erfüllung sucht. Damit beginnt ein völlig Neues. Es öffnet sich als Möglichkeit, Verheißung und Verpflichtung die Verwandlung des ganzen Menschen zum Dienst am Sein. Das ist dann ein Leben, das immerzu um die Seinserfahrung kreist, sich immer aufs neue in der Seinsfühlung erfrischt und auf das Eine, das not tut, hin ausrichtet.

Das Kreisen um die Erfahrung des Seins hat der initiatische Weg mit der Mystik gemein. Wie beim Mystiker ist und bleibt die Seinserfahrung das Licht des Lebens und immer ein Geschenk der Gnade, das der Mensch empfängt ohne Verdienst. Man kann es nicht machen. Aber auf dem initiatischen Wege ist der Schüler doch dauernd aktiv und unter der Führung eines Meisters damit befaßt, sich kraft dieser Erfahrung zur Vertiefung dieser Erfahrung und zur Verwandlung im Geist dieser Erfahrung bewußt zu formen und fortzubilden. Er arbeitet daran, sich planmäßig in treuer Übung zu einer neuen Stufe des Menschseins zu bereiten, zu einer höheren Stufe, insofern er sich über die natürliche Stufe erhebt, auf der der Mensch sich „unwissend und unerfahren", wenn auch vielleicht wohlmeinend und selbstlos, aber doch wesenstaub darlebt und auswirkt. Auf die neue Stufe gelangt der Mensch, wenn seine Verbindung mit dem Absoluten nicht nur in gelegentlichen Erlebnissen aufblitzt und insgesamt dann doch nur auf Glauben beruht, sondern auf einer sich stetig vertiefenden, den ganzen Menschen schließlich immer dauerhafter durchdringenden, bewußt wahrgenommenen und gepflegten Präsenz der Transzendenz. Auf dem initiatischen Weg arbeitet der Mensch an einer den Augenblick überdauernden Struktur, das heißt an einer Gesamtverfassung, die bis in die kleinsten Bewegungen seines Leibes hinein Transparenz für Transzendenz ermöglicht und gewährleistet. So gewiß das volle Erleben des Göttlichen auch für ihn immer ein unerwartetes Geschenk der Gnade bleibt – auf dem initiatischen Weg sucht und gewinnt der Mensch doch ein Wissen um die menschlichen Bedingungen ihrer Wirkmöglichkeit. Er wird sich immer bewußter der Widerstände, die er dem Wirken der Gnade in den Weg stellt, und arbeitet an einer in das Exerzitium genommenen und in ihr zu festigenden Dauerverfassung, die diesem Gnadengeschenk entspricht, indem sie ihn in seiner Verwandlungsbewegung hält, die als solche dann schon vom Einsgewordensein mit dem Großen Leben zeugt (XI).

Die auf dem Weg zu gewinnende Transparenz ist eine andere als die ursprüngliche vorpersonale Transparenz, in der das Große Leben noch unverstellt hervorscheint wie beim Kinde. Etwas von dieser ursprünglichen Transparenz schwingt auf allen Bewußtseinsstufen mit. Sie bekundet sich in dem allem Erleben zugrunde liegenden und es unbewußt ständig begleitenden „Ja" zum Leben. In diesem Ja erscheint im Bewußtseinswesen Mensch der alles Lebendige unbewußt bewegende „élan vital". Im Ja ist das überweltliche Leben als ernährende, tragende und verheißungsvolle Kraft, als Grundton der Gesamtstimmung präsent. Wo der Mensch jedoch in der Eigenständigkeit seiner Daseinsform so verhärtet ist, daß dieser Grundton nicht mehr mitschwingt, da hört das Sein auf, ihn von Grund her zum Weiterwachsen „zu animieren". Das ist der Mensch, der gewissermaßen seelenlos nur noch vegetiert. Wo das Ja sich durch Lebensenttäuschungen und Frustrierungen unbewußt zum Nein verwandelt, da geht dem Menschen die Luft aus, und es schwankt der Boden unter den Füßen. Er gerät in Depressionen und in Zustände der Angst, einer Art Schwindelangst, so als fiele er in eine ihn ansaugende Leere, oder eine Erstickungsangst, als wolle er platzen und kann es doch nicht. Oder er gerät ohne sichtbaren Anlaß in Zustände der Erschöpfung, der Traurigkeit oder nervöser Verwirrung. Aber gerade auf dem Hintergrund solcher Augenblicke kann er sich dann plötzlich dessen bewußt werden, daß der negative Charakter der Grundqualität seines Erlebens mit seiner Getrenntheit vom Wesen zusammenhängt. Und er kann, wenn er das Organ dazu hat, in der spezifischen Tiefenqualität seines Leidens an der Getrenntheit vom überweltlichen Leben eben dieses *in* seiner *Abwesenheit* leidvoll *anwesende* Leben plötzlich ahnen. Und manch einer ist schon gerade aus dem Zustand des qualvollen Neins über die Qualität des an diesem Nein haftenden Numinosen in tiefer Ergriffenheit wieder oder vielmehr erstmalig bewußt zum Ja gelangt.

Beim ungebrochenen Menschen ist es ganz selbstverständlich unbewußt da. Der gebrochene Mensch hat die Chance, in diesem Ja, wenn es wieder ins Innesein tritt und als Faktor zu einem erneuerten Bewußtsein einschießt, die schöpferisch wirkende Fülle des sein Leben durchwaltenden und vorantreibenden Seins zu verspüren. Aber auch der Mensch, der auf natürlicher Ebene von einem Ja zum Leben getragen war und zum Wesen erwacht, erfährt eine grundlegende Umstimmung des Grund-Ja. An die Stelle der natürlichen und fraglosen Lebensbejahung tritt eine Kraft, die ihn in ganz anderer Weise beflügelt, aber auch aufs höchste gefährdet. Es ist, als trüge sie ihn immer haarscharf an Abgründen vorbei und über Schluchten und Gipfel hinweg, immer mit der Gefahr, entweder wieder abgesaugt zu werden in die Täler der natürlichen Welt oder hochgezogen zu werden in eine erdferne Geistigkeit, in der der Mensch erdentrückt auch den Himmel vertut. Das in der Seinsfühlung sich anmeldende und auf dem Weg immer deutlicher zunehmende Ja macht letztlich die Präsenz des Großen „Ich bin" wahr, dessen Funke, wenn er im Menschen aufzuleuchten beginnt, die Landschaft des Lebens in ein völlig anderes Licht stellt.

Der Weg ist die Weise, in der der Mensch den seiner Endlichkeit innewohnenden Unendlichkeitsfunken immer wieder zum Erglühen bringt, indem er sein Leiden am Endlichen annimmt. Das Aufglühen des Unendlichen setzt das Ausglühen im Endlichen voraus, immer wieder. Das ist das Feuer, der Brand, darin der Mensch sich in der Werdeformel seines Wesens immer von neuem erkennt und aus ihm heraus immer wieder neu und zu etwas Neuem hin zu sterben und zu leben beginnt.

Aber es gibt kein stetiges Hineinwachsen in das Reich der Großen Mitte. Der Weg ist nicht eben. Er beginnt mit einem Sturz, und zahllos sind die Schlingen, die Wände und Löcher, die zu überwinden sind. Immer wieder fällt der Mensch aus der

Höhe des Ganz-Anderen, darin er sich einen Augenblick fand, in die Lebensform seines natürlichen Ichs zurück oder taucht aus der Tiefe des Geheimen an die Oberfläche des Gewohnten auf. Und jedesmal trägt ihn nur eine totale Wendung, ein waghalsiger Sprung wieder in das Reich seines wahren Wesens hinein. Das ist ein gefährliches Leben von besonderer Art, ein Leben, das auch die Ruhe nicht kennt, aber seine segenspendende Stille daraus gewinnt, daß der Mensch an nichts haftet, sondern im Zulassen wie im Selbst-Tun ohne Widerstand dem Gesetz der Verwandlung gehorcht. Das erfordert einen anderen Menschen, als die Welt ihn verlangt. Darum wird auch die Welt des zum initiatischen Weg bestimmten Menschen eine andere. Sobald das Sein in ihm aufzugehen und ihn zu verwandeln beginnt, verwandelt sich auch seine Welt.

Der Mensch, der bewußt auf dem Wege ist, erfährt sich bei aller Unvollkommenheit nicht nur mehr und mehr in einer vertieften Verbundenheit mit dem Göttlichen, sondern er wird mehr und mehr vom Überweltlichen her und auf das Überweltliche hin geprägt. Eben gerade da tritt ihm das „ungöttlich Bleibende" immer schmerzlicher ins Bewußtsein. Jede Erfahrung, die ihm die Einheit seines Wesens mit dem Göttlichen ins Innesein hebt, läßt ihn die Größe des Abstandes spüren, der ihn als ganzen und immer wieder im Welt-Ich gefangenen Menschen noch von einer dem Göttlichen gemäßen Daseinsform trennt. Und so wächst er notwendigerweise fortschreitend auf dem Wege auch in der Demut.

Auf dem Wege kommt man nie „an". Daß man dem Ziel näher kommt, merkt man daran, daß es immer ferner rückt. Bis man begreift, daß der Weg selbst das Ziel ist, das heißt eine Verfassung, die das Weiterschreiten garantiert, das nie endende und eben darin ewig schöpferisch-erlösende Stirb und Werde.

Der mit der Seinserfahrung beginnende Weg meint den immer neuen Durchbruch zum Wesen, der den Menschen befähigt, immer mehr das Gewordene zu überschreiten, das Gewonnene preiszugeben und die Fassaden fallenzulassen, in denen sein Welt-Ich sich festhält, spiegelt und aufrechterhält in den Rollen, die es in der Welt spielen muß – aber auch Abschied zu nehmen selbst von Bindungen, in denen er segenbringend und schon seinsgemäß wirkte. Auf dem Weg wird der Mensch, weil er sich wandelt, zu immer neuen Aufgaben gerufen. Weil er ein anderer wird, sieht er fortan anders und anderes. Altgewohntes erscheint in neuem Licht, und Seinsfühlung, die, wo sie den gewöhnlichen Menschen unversehens trifft und dann erschreckt und vielleicht aus der Bahn wirft, wird für ihn mehr und mehr zu einem stetig und zuverlässig fließenden Quell, der ihn immerzu reinigt, nährt und erneuert.

Auf dem Weg wird immer wieder ein Urgeschehen alles Lebens sichtbar. Ungeschiedene Fülle ursprünglicher Einheit des Seins gerät in sich selbst in polare Spannung, bricht auseinander, differenziert sich, tritt in selbständig werdenden Polen aus sich heraus und in ihnen sich selbst gegenüber, ohne daß zunächst die Einheit als das übergreifende Ganze vollends verloren wäre. Je mehr aber die Seiten des Ganzen sich verselbständigen und zu etwas Eigenem werden, droht dem Ganzen Gefahr, aber auch den Gliedern, die, ihrer Lebenswurzel beraubt, versucht sind, sich in sich selbst zu verschließen, sich auf sich selbst stellend, eigenläufig zu werden und die Urverbundenheit mit dem im Ganzen lebendigen Sein und damit ihren Daseinsgrund zu verlieren. Dieser Gefahr mehr oder weniger zum Opfer zu fallen ist das Urschicksal des Menschen. Dies geschieht als Ursonderung im Augenblick der Geburt des eigenwilligen Ichs, das sich kraft seines rationalen, das heißt fixierenden Bewußtseins, darin der Mensch sich wie auch seine Welt im theoretischen Unterscheiden und praktischen „Feststellen" bildet, auf sich selbst und aus dem Ganzen herausstellt. Dies führt schließlich zur Zerreißprobe für die Verbundenheit mit dem Sein. Dann in der Identifikation mit dem „Ich bin ich und will es *bleiben,* vom anderen *verschieden* und *gegen* ihn mich absichernd" geht dem Menschen die Einheit mit dem Sein, die er zwar in seinem Wesen niemals verliert, im Bewußtsein verloren. Drang, Sehnsucht und Wille, sich dem, was er durch dieses Bewußtsein verstellt, aber im Wesen doch bleibt, in einem neuen Bewußtsein wieder zu öffnen, steht am Anfang des initiatischen Weges. Das Tor zu diesem Weg geht auf, wenn das Sein, daran er im Wesen bleibend teilhat, in seine seinsfern und leidvoll gewordene Daseinsform in besonderer Erfahrung einbricht und die Qual seines verdrängten Wesens in das verheißungsvolle Glück seiner Befreiung und erstmaligen Bewußtwerdung umschlägt. Es ist, als sei immer wieder die Zerstückelung des ursprünglichen und unbewußten Ganzen die Voraussetzung für die Geburt eines neuen Lebens, das in einem völlig neuen Bewußtsein von sich selbst erstmalig zu eigen gewinnt, was es in der Sicht des nun überwachsenen Bewußtseins aus den Augen verlor.

Die ursprüngliche und unabdingbare Verwobenheit mit dem Sein bedeutet auch die Gefahr, daß der Mensch, der zur Eigenständigkeit bestimmt ist, wenn er seine Urheimat entdeckt, nicht mehr aus der Ur-Eins herauskommt. Das Sein als die Große Mutter läßt ihn dann nicht los oder zieht ihn immer wieder in sich zurück. Der Mensch steht immer in der Spannung zwischen dem Drang in die Freiheit eigenständiger Form (Yang) und dem Zug zurück (Yin) in das mütterlich-bergende Ur. Um wirklich Person zu werden, muß er eigenständig werden und sich von der ihn mütterlich umfangenden und immer wieder zurückrufenden Ur-Ganzheit lösen. Um aber in aller Eigenständigkeit ein ganzer Mensch zu bleiben, darf er doch die Verbindung mit dem nährenden Muttergrund nie ganz verlieren. Dies ist ein Urthema menschlichen Werdens, das sich auf allen Stufen seiner Entwicklung neu stellt. Je höher die Stufe, desto größer die Spannung, aber auch die Notwendigkeit der *Integration* von mütterlichem „Grund" und männlicher Eigenständigkeit, die die Ureinheit im Menschen wiederherstellt (XI).

Widerstand auf dem Weg

Der Mensch, der wirklich zum initiatischen Weg entschlossen und auf ihm angetreten ist, ahnt nicht die Zahl der Widerstände, die er, wenn er treu bleiben will, zu überwinden haben wird. Je weiter er kommt, desto härter werden die Prüfungen, und unzählbar sind die Weisen, in denen der Widersacher den Menschen zu hindern versucht, jene Einheit mit dem schöpferischen, erlösenden LEBEN wieder zu finden und von ihr in der Welt zu zeugen, wie es der Sinn des inneren Weges ist.

Der Sinn des Weges ist das LEBEN. Widerstand ist alles, was den Menschen stillstehen läßt.

Sinn des Weges ist die Selbstverwirklichung aus dem Wesen. Widerstand ist alles, was sich im Menschen ihr in den Weg stellt.

Sinn des Weges ist der zum Wesen hin durchlässig gewordene Mensch. Widerstand ist alles, was diese Durchlässigkeit verhindert. Dazu gehört vor allem die Eigenläufigkeit des Welt-Ichs, sowohl in der Gestalt des primären Ichs wie in der Gestalt der vollendeten Persönlichkeit.

Der initiatische Weg zielt auf die immer tiefer gehende Erfahrung und immer reiner werdende Bezeugung der Ganzheit des LEBENS in seiner Dreieinheit, das heißt in seiner Fülle, seiner Gesetzlichkeit und Einheit. Jede Stufe, die der Mensch im Zuge schon seiner natürlichen Entwicklung durchläuft, gehört in das Ganze seiner Selbstwerdung hinein. Auch die frühesten Phasen bleiben bis zum Ende im Spiel. Was einmal Dominante war, spielt bis zum Ende seinen Part weiter in der ewig unvollendeten Symphonie des Lebens. Aber jede Stufe wie jede Saite hat den ihr im werdenden Ganzen zukommenden Klang – wird er zu laut, dann stört er die Schwingung des Ganzen, und von allen bereits durchlaufenen oder erreichten Stufen kommt der regressive Widerstand in Gestalt sich hartnäckig erhaltender alter Impulse, Triebe, Gewohnheiten und Verhaltensweisen, die überschritten werden müßten.

Da ist vor allem der so schwer zu überwindende Widerstand des primären Ichs. Er umfaßt die animalische Seite des Menschen, dessen Überwertigkeit ein ständiger Widerstand aller Vergeistigung ist, deren völlige Verneinung aber dem Wachstum auf dem Weg den Lebenssaft entzieht. Das primäre Ich erscheint vor allem in der Tendenz zur Sicherung des Lebens. Wo diese unbewußte Tendenz immer noch wuchert, ist sie dem Sinn des Weges zuwider. Ihr völliges Fehlen aber macht das Weiterschreiten unmöglich. Zum primären Ich gehört das Noch-eingebettet-Sein im Ur-Kollektiv, die es noch beherrschende Macht des Uroborischen, der Großen Mutter. Dies ist ein oft schwer zu erkennender Widerstand auf dem Weg, der sich meist in so natürlich erscheinenden Sehnsüchten und Wünschen bekundet, wie dem nach dem trauten Heim, einer Kommunität, der Kirche, dem Kloster, dem stillen Tal usw. All dies sind Weisen, in legitim erscheinendem Gewand den Weg zu verfehlen – vorausgesetzt, daß einer zum *Selbst*werden bestimmt und entschlossen ist. Verliert aber der Mensch seine Wurzeln im mütterlichen Grund völlig, dann verdorrt er und wird steril. Die Spannung zwischen schöpferisch männlicher Eigenständigkeit und weiblich lösender Gebundenheit in rechter Weise immer aufs neue einzulösen bleibt ein ständiges Problem auf dem Weg, auf der natürlichen wie auf der initiatischen Ebene.

Zum primären Ich gehört der Wille, sich durchzusetzen gegen die Welt, und der Drang zum lustvollen Befriedigen der elementaren Triebe. Wo er frustriert wird, wird der Mensch steril, wo er überwertig wird, hört er auf, weiter zu reifen.

In der Pubertät erfährt sich der Mensch als Mann oder Frau und entdeckt seine Individualität in erstmaliger Selbstbegegnung im Wesen. Hier taucht zum erstenmal die Dimension auf, die erst später dann im initiatischen Sprung voll bewußt wird!

Die Zeit der Pubertät wird für viele zu einem Vorläufer des initiatischen Weges. Aus der ersten Einsfühlung mit der Transzendenz heraus erfährt der junge Mensch hier zum erstenmal die „Welt" als Widerstand gegen die zu ihrem menschlichen Innesein erwachende Überwelt: die statischen Ordnungen der Erwachsenen, die nüchterne Rationalität, die unpersönliche Konvention, die Feindseligkeit der Gesellschaft gegen die Individualität, die Überbewertung der Leistung, die Verneinung des Gemütes – so schiebt sich vor die Morgenröte des Reiches, das nicht von dieser Welt ist, der graue Schleier der von der Welt der Erwachsenen repräsentierten Wolkenwand (III).

So gewiß hier diese Realität der Erwachsenen als Widerstand für die Entfaltung des Wesens erfahren wird – die Behinderung seiner direkten Bekundung in der nüchternen Welt sachlicher Leistung und das Annehmen ihrer Forderungen gehört zum Werden des wachen Selbstes hinzu, und so kann das hartnäckige Fortdauern von Einstellungen und Impulsen, die in der Pubertät legitim sind, einen Widerstand auch auf dem initiatischen Weg bedeuten; denn dieser meint die Entfaltung des Ganzen – wenn auch in steter Verbindung mit dem Wesen und zum Dienst am göttlichen Sein.

Das Erwachen zu der Erkenntnis, daß das für das Welt-Ich, auch auf der Stufe der sich im Dienst an der Welt bewährenden Persönlichkeit, so selbstverständliche Verlangen, das Leben auf „Feststehendes", anerkannte Werte und feststehende Ordnungen zu gründen, der Wahrheit des LEBENS, das niemals und nirgends irgendwo feststeht, auch widerspricht, gehört zu den ersten Schritten auf dem schwer zu vollziehenden Weg in die Vollreife des Menschseins. Wieso? Ein ethisches Leben und die sich in ihm zuverlässig bezeugende Persönlichkeit sollen nicht das Höchste sein? Das „Erwachen" zu dieser Erkenntnis, wo sie wirklich vollzogen wird, ist kein nur theoretisches Einsehen. Es ist ein existentielles Erwachen, ein wachrüttelnder Schock! Die an wertbezogenen Ordnungen sich bildende Welt und die sich an ihnen bewährende Persönlichkeit sollen plötzlich hinter der sich an allem Gewordenen und Wohlgeordneten stoßenden Verwandlungswirklichkeit des Wesens zurücktreten! Nur, wenn in dieser Erkenntnis beides: die ganze Fülle der in ihr enthaltenen und sie rechtfertigenden *Verheißung*, aber auch das ganze Gewicht der in ihr enthaltenen *Verpflichtung* geschaut, ernst genommen und angenommen wird, kann sie zur Schwelle werden, deren mutiges Überschreiten zum Anfang des Weges gehört. Aber eben von nun an türmen sich die Widerstände aus der Gegensätzlichkeit der fest bestehenden Gewohnheiten, Forderungen und Verlockungen dieses Daseins und den Forderungen des im initiatischen Erwachen sich meldenden überweltlichen Seins. Wie ihnen gerecht werden, wie sie vereinen? Also entweder – oder? Nein. Also sowohl – als auch? Nein. Was bleibt? Nur die Integration, darin die Welt zum Manifestationsfeld des Seins und das im Wesen des Erwachten gegenwärtige Sein zum Sinn des Lebens in der Welt wird (XI).

Heroisches Leiden

Groß ist das Leiden eines Menschen, der in verhärteter Form sich dem Werdedrang des Lebens widersetzt, das von ihm die Verwandlung von Stufe zu Stufe verlangt. Je mehr er bereits die Stufe erreicht hat, den Willen des Seins zu vernehmen, es aber noch nicht vermag, sich hineinzugeben und zu gehorchen, alles loszulassen und Platz zu machen für die in ihm ihre nächste Gestalt suchende Welle des Seins, um so furchtbarer ist die Qual, die sein eigenständiges und eigenwilliges Ich ihm bereitet. Und die Leiden werden schlimmer noch, wo er die Legitimität des immer neuen Ansturms des Seins nicht versteht und glaubt, Widerstand machen oder heroisch den Druck ertragen zu müssen, und nicht merkt, daß er ihn ja selbst erzeugt, und nicht spürt, daß es also gerade seine heroische und auch leidenswillige Haltung ist, die immer neues Leiden erzeugt. Er begreift nicht, daß das, was ihn jetzt wie eine dunkle Macht bedroht und von innen zu zerstören droht, das nachwachsende LEBEN ist, das sich an der Form des Gewordenen stößt. Was dunkel erscheint, ist das verhinderte Licht. Einmal muß dann der Zusammenbruch sein. Da gibt es nur das mutige Loslassen und vertrauensvolle Zulassen, eine völlige Umkehr kraft der Erkenntnis, daß man dem LEBEN im Wege stand, was immer unserer Einwilligung und unserer Mitwirkung bedarf, um in uns in der ihm nächst-zugedachten Gestalt hervorkommen zu können.

Die Verzweiflung im Erfahren der Grenze ist das Tor zur großen, zur letzten Entscheidung. Noch im Zusammenbruch der selbsteigenen Ordnung, in der der Mensch sich und seine Welt mit seinem Können und Wissen und auch mit seinen Idealen und

Werten, wie er glaubte, auf Dauer „in Form“ gebracht hatte, will er sich in den alten Gerüsten festhalten. Ja, gerade jetzt erprobt das Welt-Ich noch einmal die Kräfte, die ihm sein Leben lang gedient, bis an den Rand der Erschöpfung. Das alte Ich begehrt noch einmal laut auf. Es stempelt beredt die Krise des Lebens zu einer Stunde der Schwäche, ruft zum Trotz auf und appelliert an die „Ehre“. Oder es lockt mit der Versuchung zur Enthemmung der allerniedersten Triebe, und entsetzt fühlt der Mensch in diesen Stunden der Probe die ungebrochene Lebenskraft von Impulsen, die er längst überwunden glaubte. Noch einmal auch ruft die Hybris des eigenwilligen und eigensinnigen Geistes den Menschen zur Auflehnung in den gewohnten Bahnen auf: Es *muß* doch vernünftig zugehen! Es *muß* doch eine Gerechtigkeit geben! Ich *muß* es doch selber schaffen! Und wenn sich das alles dann auch als aussichtslos zeigt, dann versucht der Mensch zumindest noch den „königlichen Rückzug“, auf dem er sich aus „freiem Willen“ in sich selber zurücknimmt! Mit einer letzten Radikalität sucht er sich im Seelenraum seines Selbstes nun von sich aus von allen Banden zu lösen, die ihn mit der Welt, „die so schlecht ist“, verbinden, und sucht sich, ein heimlicher König, stolz und allein, gegen die ganze Welt zu erhalten, auf die er nun mit Abstand herabblickt. Es ist alles vergeblich. Das Leiden nimmt doch kein Ende. Die Stunde verlangt etwas anderes!

Sie verlangt, daß der Mensch seinen Ich-Stand radikal und ohne Vorbehalt durchbreche! Erschreckend klar kann diese unheimliche Forderung plötzlich vor Augen stehen. Ist es dann endlich so weit, daß dem Menschen ihre Unausweichlichkeit aufgeht, dann versucht er noch einen letzten Akt selbstmächtigen Willens: Er ist zum Durchbruch bereit, aber versucht nun das Tor, hinter dem er das Ganz-Andere ahnt, mit eigener Willenskraft aufzustoßen. Nun verlangt er selbst nach dem Neuen, das ihm die Rettung verheißt, und so wirft er sich mit dem Ungestüm und der vollen Kraft seines zum Letzten entschlossenen Willens von sich aus dem Neuen entgegen, von dem er alles erhofft. So, als stünde es ihm nunmehr zu, erwartet er nun, daß – weil er selber es will – es sich bereitwilligst öffne. Aber *nichts* „steht ihm zu“. Und auch diese verzweifelte, aber immer noch vom Eigenwillen getragene ,Hin-Gabe', diese großartig gewollte Selbstaufgabe, führt nicht ans Ziel – eben weil der Mensch es immer noch selbst machen und immer noch etwas für sich *will.* Hier nämlich ist alles vergeblich, was der Mensch mit dem Willen zu leisten oder zu erringen versucht. Die Herrschaft des Willens zerbricht, wo der Bereich des *Wesens* beginnt. Doch um diese Grenze wirklich zu spüren, muß wohl der Mensch, der sich so weit verrannte, sein Ungestüm erst erschöpfen. Erst dann wird er zum Einlenken reif und bereit, sich endlich einem Höheren zu *fügen.* Und dann erst ist es soweit. Wenn der Mensch sich selbst endlich jetzt dreingibt, endlich auf seinen Eigenwillen verzichtet und sein Ich-Selbst fallenläßt, dann kann er, den „Griff des Tores in der Hand", im erschöpften Sich-Lassen erfahren, daß das Tor in die Freiheit, das seinem Ansturm nicht wich, sich nach innen zu öffnet und mit einemmal nun das Licht des Lebens hereinströmt! Das ist dann der Augenblick der großen Wandlung (II).

Erschüttert erlebt sich der Mensch nun unversehens in einer ganz anderen Dimension, aufgefangen von einer ihn tragenden, zutiefst neu bewegenden und gütig bergenden Macht. In höchster Beseligung erfährt er in sich den unzerstörbaren Kern, fühlt eine alles übergreifende Ordnung und weiß sich im Augenblick vermeintlicher Alles-Vernichtung in einem umfassenderen Leben neugeborgen. Der Mensch, der hier dann „erwacht", steht auf neuem Grund, in einer neuen Ordnung und in einem neuen Beginn. Alles um ihn ist neu, und er selbst findet sich als ein anderer wieder, aber in diesem anderen fühlt er sich wie niemals zuvor nun wirklich als „Er-selbst". Er steht erstmalig wirklich ganz in der Einmaligkeit seines Wesens und damit zugleich in der Kraft, in der Inbildlichkeit und in der Geborgenheit des alleinen Seins. Das ist die Große Erfahrung, die das Geschenk einer bis zur wirklichen Selbstaufgabe durchstandenen Verzweiflung sein *kann,* das Erlebnis der Neugeburt aus dem Wesen, die Wandlung aus dem eigenmächtigen Ich-Stand zur Existenz aus dem Wesen. In ihr durchschreitet der Mensch das Tor zu dem Leben, im Vergleich zu dem alles Dahinleben in den Bewußtseinsordnungen des bisherigen Selbstes nur Vorstufe und Vorschule war. Dem Menschen aber, den sie von Grund auf wandelt, beschert sie ein zweites Mal die Frucht vom Baum der Erkenntnis. Das erste Mal ward ihm das Bewußtsein seiner selbst und die Kraft zum gegenständlichen Erkennen. Kraft dieser Vermögen gelangte er zum Gipfelpunkt seiner Selbständigkeit, in der ihn seine Besonderheit, die er als Mensch hat, bis in die Sackgasse der Absonderung trieb. In dem Maße, als ihn die Kraft zum Selber-Planen und Machen, zum Selber-Erkennen und Richten zu einer Selbstherrlichkeit verführte, über der er die Einsfühlung mit dem wahren Sein schließlich verlor, wurde seine Art, sich im Leben zu halten, seinswidrig und schließlich zum Untergang reif. Das plötzliche „Erkennen" und die große Heimkehr, die dem Menschen im Durchbruch als innere Erleuchtung und Umkehr zuteil wird, bringt ihn aus der Eigenherrlichkeit seines Ich-Selbstseins und der Getrenntheit von seinem Wesen auf höherer Stufe in die große Einheit zurück. Wenn der Mensch nicht zurückfällt, wird sich ihre Wirkkraft nun in einer Bewegung bekunden, in der er, so er im Steigen bleibt, im Rhythmus wesenseigner Entfaltung und seinsgemäßer Eins- und Grundfühlung den Atem des Großen Lebens selbst schöpferisch und erlösend bezeugt (II).

Widerstand als Chance

Daß das um das Feststehende kreisende Welt-Ich das Bewußtwerden des überweltlichen Lebens verstellt und Transparenz verhindert, erweist sich am Ende als „List des Lebens". Insofern LEBEN sich im Menschen seiner selbst bewußt werden will, bedarf es der Wand, an der es sich stößt, der Gegenform, von der es sich abhebt, in der und an der es dann seiner selbst inne- und offenbar werden kann. Ohne Medium, das den Strahl reflektiert, wird dieser niemals zum Licht. Jeder Schritt in der Konkretisierung des Ichs, das der Welt zugewandt und vom Sein abgewandt ist, enthält daher nicht nur die Gefahr fortschreitenden Abfalls vom Sein, sondern im wachsenden Maß auch die Chance, sich seiner aus dem Leiden an der Entfremdung einmal bewußt zu werden. Diese Chance besteht freilich dann nur in dem Maße, als der Mensch nicht der Versuchung verfällt, sich dem in ihm aufdämmernden und in sein Innesein drängenden Sein, um es wahrzunehmen, mit den Mitteln zu nähern, die ihn von ihm entfernten. Es geht nicht mit den Mitteln des gegenständlichen Bewußtseins. Und es geht nicht durch eine noch so vorangetriebene Steigerung und Differenzierung derjenigen Gaben des Geistes, die das Leben wissenschaftlich-begrifflich zu begreifen und wertmäßig einzuordnen pflegen. Es geht auch nicht mit dem Geist, der ein theoretisches Eindringen in Weisheitsbücher, Religionen und esoterische Schriften ermöglicht. Nur mit einem Sprung in eine völlig neue Weise, sich selbst und die Welt als eine das Sein zugleich verbergende, aber auch offenbarende Wirklichkeit zu erfahren, können wir uns die neuen Horizonte erschließen. Das gegenständlich Unfaßbare kann nicht mit einer noch so weit vorangetriebenen Verfeinerung des gegenständlichen Wahrnehmens ergriffen werden! Was jenseits der Grenzen unseres gewöhnlichen Bewußtseins liegt, kann nicht mit Mitteln angegangen werden, die diesseits der Grenze beheimatet sind. Die Welt der Töne, der Klänge aus dem Sein muß mit anderen Ohren gehört werden und mit anderen Klängen beantwortet werden als mit denen, die uns vertraut sind. Aber eben das Spüren der Ungemäßheit der weltbezogenen Weisen des Horchens und Gehorchens kann den Sinn für das Finden seinsgemäßer Weisen der Wahrnehmung entwickeln helfen. Dem medizinisch wahrnehmenden Arzt z. B. kann es einmal erschreckend aufgehen, daß sein gegenständlich fixierender, fragender und forschender, den Patienten zum Objekt machender Blick nicht nur an der Person seines Gegenübers vorbeigeht, sondern das leidende Subjekt als Person einfach verscheucht. Und dann kann er vielleicht auf eine ganz andere Haltung umschalten, die den gegenständlich niemals „fixierbaren“ Menschen mitfühlend zuläßt, einlädt und veranlaßt, sich zu öffnen, und in einem weiteren Schritt dann, doch das ist selten, ihn im *Wesen* berühren und öffnen kann. Was er nun an Erkenntnis gewinnt, betrifft eine ganz andere Dimension, die als solche begrifflich nicht zu fassen ist, aber, in der gleichen Dimension im Arzt widerklingend, ein heilendes Wort oder eine heilende Geste auslösen kann, die anzeigt, daß Erkennen hier nicht gegenständliche Distanz, sondern inständliches Einswerden bedeutet, das sich zugleich erlösend und schöpferisch verwandelnd auswirkt. Das setzt einen Sprung in eine andere Weise des Menschseins voraus, und eine echte Mutation auf dem Wege der im Miteinander reifenden Selbstwerdung. Die Verwandlung, die sie zeitigt, ist gewaltiger als die, die dem Menschen im Übergang zur Pubertät widerfährt. Aber sie ist irgendwie mit ihr verwandt.

Annehmen des Dunklen

Immer hat der Mensch auf dem Weg zu seiner jeweiligen Daseinsform vieles zum Schweigen gebracht, was im Grund reden möchte, vieles eingesperrt, was frei sein möchte, vieles verdrängt, was leben möchte. Ehe das nicht an den Tag gebracht ist, erkannt, ausgelebt oder eingeleibt ist und ohne Rücksicht auf die Folgen, auch auf Kosten der derzeitig wohleingespielten Ordnung, steht jedes Daseinsgebäude auf tönernen Füßen. Wo immer der Mensch Transparenz als das eigentlich Gemeinte zu ahnen beginnt, muß er unermüdlich danach forschen, wo er selber als der, der sich irgendwo festgesetzt hat, ihr im Wege steht. Er kann zu ihr nicht in einer Art Geistesakrobatik mit einem sie nur imaginierenden Salto hingelangen. Immer wieder muß er als das Ich, das heißt als selbstbewußter Inhaber einer Position, „eingehen", damit er innerlich „rein" und damit das Wesen in ständiger Verwandlungsbewegung „aufgehen" und die Person transparent werden kann. Der Widerstand des sich in seiner Stellung festhaltenden Welt-Ichs wird besonders deutlich in jeder Seinsfühlung, die den Augenblick überdauert. Aber nichts ist für den in seinem Welt-Ich gefestigten und in seiner Stellung in seiner Gemeinschaft wohlsituierten Menschen schwerer, als die ihn in seiner Position bedrohende Stimme der Tiefe zu hören, sie anzuhören und ihr zu gehorchen.

Das gilt auch für die erste Erfahrung des großen Lichtes; denn sie ist eine höchst beunruhigende Erfahrung. Damit sie sich erfülle, bedarf es der Verwandlung. Die Voraussetzung wirklicher Verwandlung, deren Kennzeichen die bleibende Transparenz ist, ist ein Untertauchen in der Schattenwelt und ein Eingehen in den dunklen Grund, gerade nachdem man schon das Licht einmal geschaut hat. Gerade dann, wenn uns die Blüte des Lebens zum Greifen nahe erscheint, wir die Herrlichkeit ihrer Farbe schon sehen, ihren Duft schon wahrnehmen und glauben, sie schon pflücken zu können, gerade dann müssen wir diesen direkten Versuch aufgeben. Noch einmal und noch einmal müssen wir uns unserem Schatten stellen. So erst können wir auch jene Legitimation für die entscheidende Verwandlung gewinnen, die nur aus der Begegnung auch mit den metapsychischen Gewalten der Tiefe herkommt, in der der Mensch sie, weil er von ihnen gepackt war, erkennt und integriert.

Die gültige Transparenz, in der das Sein endgültig als das Licht hervorbricht, das alle Gegensätze von Licht und Finsternis in sich verschlungen hat, hat den Tod in der absoluten Verdunkelung als Voraussetzung. Dieser aber geht jene Erfahrung des Lichtes voraus, in der der Mensch die erste Befreiung aus dem Elend seiner Ich-Welt erfuhr. Die Seins-Erfahrung, die den Menschen erstmalig aus dem Gefängnis seines Ichs befreit und ihn über sich hinaus ins Überweltliche trägt, verlockt ihn darinzubleiben und ruft doch erst die Erfahrung eines „Dunklen" auf den Plan, das ebensowenig psychologisch reduzierbar ist wie dies den Menschen erstmalig befreiende Licht. Erst aus der Begegnung mit dem Licht *und* seinem Widerspiel kann jenes *Licht* hervorbrechen, das jenseits aller Gegensätze, jenseits von licht und dunkel, im Tiefsten auf uns wartet.

Angst vor dem LEBEN

Die Lebensordnung und die Bewußtseinsstruktur, die den Menschen vom Eigentlichen trennen, können mehr oder weniger fest und dicht sein. Sie können aber auch einmal durchlässig werden für längere oder kürzere Zeit. Ursache hierfür können äußere Ereignisse sein oder innere Schübe, Einbrüche, die ein Loch in die Decke der „schönen Ordnung" des Ichs schlagen. Ein kleines Unglück, ein Schreck, eine kurze Beglückung, ein Aufschwung – überall kann dann für einen Augenblick Transparenz eintreten. Dann kann ein Neues aus der verstellten Tiefe hervorbrechen, das vielleicht nur für kurze Zeit die ganze Lebensordnung über den Haufen wirft und den Menschen in eine ganz neue Wirklichkeit stellt, das heißt stellen würde, wenn er wüßte, worum es geht. Aber meist ahnt er erst nur die Weite einer unbekannten Dimension. Er weiß nicht, was sie ihm bringt, ist nicht vorbereitet oder noch nicht zur Wende reif. Er begreift auch nicht, was sie von ihm fordert, und er hat Angst. Ein automatischer Abwehrmechanismus setzt ein, schließt ihn wieder ab, und die Welle des LEBENS, die ihn für einen Augenblick verwandlungsträchtig emportrug, versandet, ohne Frucht zu bringen, wieder in der alten, wohleingespielten Ordnung. Davon, daß der Mensch aber einmal das Neue endgültig zuläßt, hängt alles ab.

Je nach dem Stand seiner Entwicklung hat jeder Mensch ein gewisses Maß an Freiheit, sich der in ihm anklingenden Tiefe zu öffnen oder in den Abwehrmechanismus einzuwilligen; sich von der ihn rufenden Tiefe ansprechen und verpflichten zu lassen oder sich ihr zu widersetzen. Aber meist hat er Angst vor den Mächten in seinem Unbewußten, und zwar nicht nur vor der ihn störenden, seine gegenwärtige Ordnung bedrohenden Macht, seinem Schatten, sondern vor der Wucht des darin geballten neuen Lebens. In seinem Schatten fürchtet er oft das Hervorbrechen ungelebten Lebens, das, weil er es verdrängt hat, nun giftig und böse geworden ist, mehr als die Preisgabe alter Ordnungen, denn mehr noch als vor der Zerstörung dessen, was der Schatten bedroht, hat der Mensch Angst vor dem Leben, dessen Verdrängung den Schatten erzeugt. Mehr als durch die in den Schattenkräften versammelten Aggressionen wird seine ganze wohleingespielte Daseinsform in Frage gestellt durch das Neue, das erst aufgehen kann, wenn er sich von diesen Aggressionen befreit hat. Die der Überwindung und Integration des Schattens gegenüber auftauchenden Widerstände haben also eine zweifache Wurzel: Die Sorge um die Erhaltung des Bestehenden, das heißt die Angst vor seiner Zerstörung, und die Angst vor dem „Neuen", das, wenn das Bestehende weggeräumt ist, hervorbrechen und sich an seine Stelle setzen wird. Zum Beispiel: Die fromme Maske fällt, und das Tier kommt hervor (XI).

Der Schatten

Widerwillig nur fügt sich der junge Mensch der Leistungsgesellschaft ein, in der er seinen Mann als nützliches und wohlangepaßtes Glied des organisierten Kollektivs zu spielen hat – und dabei auf die Anerkennung und Wertschätzung seiner Individualität und auf die Erfüllung vieler Sehnsüchte verzichten muß, die aus der Tiefe des von ihr bezeugten Wesens steigen. Die sei es glückliche oder auch unglückliche Position, die der Mensch dann im Gefüge seiner Gemeinschaft findet und ausbaut, ist der Hintergrund, auf dem allein sich erlebnismäßig begreifen läßt, was eigentlich der initiatische Weg ist, auf dem der Mensch die befreiende und verpflichtende, schöpferische und erlösende Präsenz der „anderen Dimension" bezeugt, die den Horizont nicht nur des primären, egozentrischen Ichs, sondern auch den der ichlos dienenden Persönlichkeit überschreitet. Die Erfahrung des überweltlichen Seins führt in ihren Konsequenzen über alle weltlichen Bindungen hinaus. Doch dem Gehorsam gegenüber dem Ruf, der aus dieser Erfahrung kommt, stellt sich mehr als alles andere die beglückende Beheimatung nicht weniger als die bedrückende Verhaftetheit im Gefüge der Gemeinschaft entgegen. Ja, je mehr der Mensch gerade dort, wo er ichlos dient und im Leisten, Dienen, Lieben und Gestalten in der Welt den Sinn und eine beglückende Erfüllung seines Lebens findet, weiß er sich in der immer neuen Überwindung seines kleinen Ichs schon einem höheren Sein verpflichtet. Was will er mehr? Und in der Tat ist ja der selbstlose Dienst an den Werten des Schönen, Wahren und Guten und den sie verwirklichenden „Gebilden", der ichlose Dienst an Mitmensch, Gemeinschaft und Welt, die

Weise, in der sich auf dieser Stufe die andere Dimension in der Überrundung und Verdrängung des mittelpunktssüchtigen, machthungrigen, schmerzscheuen und genußgierigen Ichs bezeugt. Hier wird denn auch „diese Welt" dem Menschen, wo er zur vollendeten Persönlichkeit wird, zum Spiel- und Entfaltungsraum einer Ganzheitsform seines Menschseins, in der bereits die Erfüllung dessen möglich zu sein scheint, was dem Menschsein überhaupt zuteil werden kann. So bildet das befriedigende und wertbezogene Eingeordnetsein in den Ordnungen dieser Welt den Hauptwiderstand gegen das Aufgehen des anderen Reiches, während scheinbar paradoxerweise umgekehrt ein Versagen in ihr, der Zusammenstoß mit der Gesellschaft, ihre Widerwärtigkeiten, Enttäuschungen und die in ihr erfahrenen Zusammenbrüche oft das Tor zu anderen Dimensionen hin öffnen helfen.

Das Aufgehobensein im Ganzen einer Gemeinschaft, deren „Sein" dann auch das „Sollen" ihrer Glieder bestimmt, entspricht einem *Urbedürfnis* des Menschen als dem „sozialen", auf das Du wie auf das Kollektiv angewiesenen Wesen. Dies Urbedürfnis und die aus ihm kommenden Impulse und jeweils seine Erfüllung stellen einen Widerspruch und daher einen Widerstand gegen seine Bestimmung dar, aus seinem Wesen, das heißt aus dem Kern seiner Individualität heraus und frei von allen Bindungen das Überweltliche zu bezeugen. So gewiß also das dienende und empfangende Aufgehobensein im Ganzen eines Kollektivs – von der Familie bis zum Staat – einer Seite und einer Stufe der Menschwerdung entspricht und für sie meist die höchst erreichbare ist, so gewiß bedeutet sie, wo sie sich absolut setzt, eine Verhinderung der nur in individueller Bezeugung möglichen Manifestation des überweltlichen Wesens, und dies keineswegs erst dort, wo die Gesellschaft den menschenwidrigen Charakter der modernen Konsum- und Leistungsgesellschaft annimmt.

Gerade heute, wo die Wesenswidrigkeit der Gesellschaft so offenbar einen Höhepunkt erreicht hat, ist es wichtig, sich des Widerstandes gegen die „Wendung zum Wesen" bewußt zu werden, den auch ein menschenwürdiges Kollektiv hat, einfach weil sein Bestand immer ein reibungslos funktionierendes Zusammenspiel seiner Glieder erfordert und damit notwendig über den einzelnen hinweggeht. Die dem einzelnen hier auferlegte Zurückstellung seiner individuellen Impulse bildet eine Hauptwurzel für die Entstehung des *Schattens!*

Zwischen dem der Welt in tausend Rollen sich darstellenden Ich und dem in ihm zur Manifestation drängenden individuellen Wesen steht der im Unbewußten sein Unwesen treibende *Schatten.* Dieser Schatten steht sowohl dem reibungslosen Funktionieren des Welt-Ichs wie der Entfaltung des Wesens im Wege. So gibt es auch ohne Schattenbereinigung kein zuverlässiges Vorankommen auf dem inneren Weg.

Unter dem Schatten verstehen wir das Insgesamt der zum Ganzsein des Menschen gehörenden, aber nicht zugelassenen Lebensimpulse. Das Verdrängte, das ans Licht will, bedroht die meist mehr oder weniger glattgezogene Oberfläche, das heißt die der Welt gezeigte schöne Fassade, und wird daher als „dunkel" empfunden.

Der Schatten besteht einerseits aus unentfaltet gebliebenen Seiten des angeborenen Charakters, aus schon in der Kindheit verdrängten Urimpulsen und natürlichen Urwünschen des Menschen, z. B. sich frei geben zu können, bestätigt zu werden, Verständnis zu finden, Liebe zu empfangen; andererseits aus nicht zugelassenen Vergeltungsreaktionen auf Zumutungen, Kränkungen, Angriffe von seiten der bösen Welt. So ist der Schatten ein ganzes Bündel nicht zugelassener Expressionen, Aggressionen, Explosionen. Der Schatten zeigt auch den Widerspruch zwischen gesellschaftsbedingter Form des Welt-Ichs und nicht zugelassener Wesens-Individualität. Immer gehört zum Schatten ganz einfach das nachdrängende, noch unbewußte, noch nicht zugelassene und daher das jeweils Gewordene bedrohende Leben. Und darum ist auch, so paradox das auch klingen mag, der Kernschatten des Menschen immer das zur Manifestation drängende eigene *Wesen,* das von der jeweils gewordenen, vom Welt-Ich festgehaltenen Form verdrängt wird. Anders gesagt, der Schatten des Welt-Ichs ist in dem Maße, als dieses in seinen Ordnungen das überweltliche Sein, die immanente Transzendenz, verdrängt, eben diese Transzendenz. Es ist also auch die uns einwohnende Anwesenheit dessen, der gesagt hat: „Mein

Reich ist nicht von dieser Welt", der uns *Brüder* genannt und uns aufgefordert hat, ihm nachzufolgen. Der – auch in uns – gekommen ist, nicht den Frieden zu bringen, sondern das Schwert, der dem Zögernden zurufen konnte: „Laß die Toten ihre Toten begraben" und zu seiner Mutter gesagt hat: „Weib, was gehst du mich an?"

Er ist der uns innewohnende Schatten, als das Ärgernis schlechthin, Schrecken des guten Bürgers, des Pharisäers, auch in uns selbst. Christus in uns – das nicht zugelassene Leben, der nicht zugelassene Weg, die nicht zugelassene Wahrheit – ist für den der Welt Verhafteten, gerade auch für den „Guten", der Kernschatten schlechthin, weil er mit der Zerstörung der wohleingespielten Ordnung droht. Im „Schatten" ist aber auch die große Verheißung als das verhinderte *Licht!* Der Schatten, begriffen als das verhinderte Leben, kann auch das Licht sein in der Gestalt dessen, das ihm im Wege steht. Dann kann sich, wo die Wand einstürzt, die Not am Verdrängten zur glückhaften Erfahrung des in ihm verhaltenen Lebens verwandeln. Der Schatten ist nicht nur die das Bestehende mit Zerstörung bedrohende Kraft, sondern auch die dunkle, das heißt unsere derzeitige Form bedrohende Seite des uns Erneuerung verheißenden Lichtes.

Der Schatten entsteht größtenteils schon in der Kindheit. Das Kind bekundet einen ursprünglichen Lebensglauben. „Ursprünglich" meint hier „vor aller Erfahrung", nicht durch Erfahrung bedingt, aber alle Erfahrungen zunächst vorbestimmend und tragend – tragend aus der noch ungestörten Geborgenheit im Sein. Sind die konstitutionellen oder umstehenden Faktoren, unter denen das Kind sich entwickelt, dem Wesen entsprechend und bewahren sie ihm in der Sprache seiner Entwicklungsstufe, das heißt seiner jeweiligen Selbst- und Weltordnung die Einsfühlung mit dem Wesen, dann vollzieht sich die Verwandlung der vertrauensvollen Grundstimmung und Urimpulse in die Bewußtseinsordnungen des Erwachsenen ohne Bruch. So kommt es dann zu einer natürlichen Selbstsicherheit und Durchsetzungskraft, einem natürlichen Selbstwertbewußtsein und fraglosem Zugehörigkeitsgefühl zur Mitwelt. Ungestört bewahrt sich ein bleibender Glaube an die Grundordnung des Lebens, und wie von selbst entwickelt sich das Vermögen zu unverstelltem Kontakt und hingebender Liebe. Die Voraussetzung aber für all dieses ist, daß die das Kind umgebenden Dinge und Personen den Uranliegen und der Eigenart seines Wesens nicht widersprechen, sondern entsprechen. Dann glückt die Ichwerdung, weil der Mensch sein Ichgebäude nicht losgelöst von den Seinswurzeln gewinnt. Daraus entwickelt sich eine Gesamteinstellung zum Leben, in der der junge Mensch eine im Wesen bedingte Selbstsicherheit bewahrt, auch wo er an Aufgaben und Widerständen der Welt versagt oder scheitert. Trotz ihn treffender Lebensenttäuschungen erhält er sich seinen Glauben an Sinn und Ordnung des Lebens und kraft seiner Geborgenheit im Grunde trotz aller gelegentlichen Isolierung seinen unmittelbaren Kontakt zu Mitmensch, Welt und Gott.

Wo aber in der Kindheit die ursprünglichen Gefühle des Vertrauens, des Glaubens und der Geborgenheit durch Versagen der Schlüsselfiguren enttäuscht werden, wird das Kind auf sich selbst zurückgeworfen. Und das bedeutet mehr als nur eine „psychologische Panne"; denn die Verbindung zum wesensgemäß formenden und lösenden Grund ist fortan verstellt! Damit ist auch jene Tiefenverankerung des Menschen, das Einssein mit seinem Wesen, unterbunden, das eine Grundvoraussetzung für das geglückte Ich ist. In diesem lebt der Mensch zwar in der Welt, aber er existiert aus dem Sein. Geht die Urverbindung mit dem verloren, der er im Wesen ist, und ist der Mensch nur noch auf das gestellt, was er als Ich hat, kann und weiß, dann erhält sich sein Selbstbewußtsein fortan nur noch „aus zweiter Hand". Er stützt sich allein auf die Leistungskraft seines Ichs und die Wertschätzung durch andere. Ist beides in zu geringem Maße vorhanden, dann kommt überhaupt kein Selbstbewußtsein zustande. Und so entsteht ein Mensch, der mit einem mehr oder weniger heroischen Trotz, mit Verstand und Willen, mit Leistung und Wohlverhalten für die Augen der Welt zu ersetzen versucht, was ihm an natürlicher Eigenkraft und Eigenwert abgeht. Hinter der Fassade aber wächst der „Schatten", der dunkle Bruder oder der Wolf, die dunkle Schwester oder die Hexe, das „alter ego". Das ist die Personifikation des nicht gelebten Lebens, sei es der ursprünglichen Wesensimpulse, sei es der nicht zugelassenen Reaktionen auf die Kränkungen oder Verlockungen der Welt. Das nicht gelebte Leben gärt als verdrängte Expression oder Aggression – die, weil sie nicht bewußt ist, auf den Menschen zurückschlägt, ihn bedrückt als Depression und krank macht.

Der Schatten treibt sein Unwesen im Unbewußten. Er steht zwischen dem selbst- und weltbewußten Ich mit seiner Fassade und dem Wesen und bildet ein Haupthindernis auf dem Weg in die Reife. Seine Bewußtwerdung, Anerkennung und die Integration der in ihm verhaltenen Kräfte gehört dann zur Arbeit auf dem inneren Weg. Es ist die Strecke des inneren Weges, die der Hilfe der Psychotherapie bedarf, denn zwischen der Not des Neurotikers und der allgemeinen Not des Menschen unserer Zeit bestehen im Hinblick auf ihre Wurzeln und auf die Wege zu ihrer Überwindung bedeutsame Ähnlichkeiten und Zusammenhänge.

In der Sprechstunde des Therapeuten werden nicht nur die extremsten, sondern auch die gleichsam exemplarischen Fälle der für unsere Zeit charakteristischen Not sichtbar: trotz allen Habens, Wissens und Könnens nicht „Der“ sein zu dürfen, der man im Grunde ist. Die Ursachen dieser Not gleichen weithin denen, die der Therapeut in den frühkindlichen Ursprüngen der neurotischen Leiden entdeckt. Ihre häufigsten Ursachen: die schon das Kind entmutigende und lähmende Unterdrückung seiner Eigenständigkeit und Vernichtung seines Urvertrauens, die seinen Lebensglauben aushöhlende Verständnislosigkeit für die Individualität seines Wesens und der ihn auf sich selbst zurückstoßende Liebesentzug. Das sind die Faktoren, die sich später dann in den Angst-, Schuld- und Kontaktneurosen auswirken. Sie haben ihre deutlichen Parallelen in den charakteristischen Lebensumständen unserer Zeit, denn trotz aller Rede von individueller Freiheit wird die Kraft zu eigenständiger Selbstentfaltung und Selbstbehauptung immer mehr eingeengt oder aufgeweicht, die Bezeugung der Individualität der Anpassung an die jeweilige „Rolle“ geopfert, und die Bezeugung liebender Mitmenschlichkeit geht ganz selbstverständlich in nur sachlichen Beziehungen unter. Unter diesen Umständen entwickelt der Mensch unserer Zeit, genau wie das Kind, gegenüber der im Grunde wesenswidrigen Welt Paßformen, die ihm eine gewisse Sicherheit, Reibungslosigkeit und Schmerzfreiheit auch unter den herrschenden Bedingungen ermöglichen. In dem Maße aber, als sie sich einspielen und ihm zur zweiten Natur werden, verstellen sie gleich neurotischen Mechanismen sein Wesen, dessen Impulse, ins Unbewußte verdrängt, jene Schattenkräfte erzeugen, die sich dann als verdrängte Aggressionen und als Depressionen und letztlich auch in physischen Krankheiten heillos auswirken.

V

Das Exerzitium

Sinn der Übung

Von der Erfahrung des Seins zu der Verwandlung aus dem Sein und zum Zeugen des Seins führt nur die Treue in der Übung, verstanden als „Exerzitium".

Der Sinn aller Übung auf dem Weg ist die *Verwandlung*, dank der das überweltliche Sein sich immer eindeutiger im Innesein und Welt-Dasein des Menschen durchsetzen kann. Es geht um jene durchlässige Verfassung des Menschen, dank der das Sein als Fülle, Gesetz und Einheit im Glanz seines Erlebens, in der Strahlung seines einfachen Daseins und als Antrieb, Sinn und Segen seines Tun und Lassens, also in ihm und durch ihn, immer mehr offenbar werden kann in der Welt. Da der Mensch in seinem Wesen teilhat am Sein, ja, diese Teilhabe sein Wesen ausmacht, das heißt er selbst das Sein ist in der Weise seines Wesens, bedeutet solche Verwandlung zum Zeugen des Seins Selbstverwirklichung! Der Mensch soll werden, was er im Grunde ist, das heißt seinem Wesen nach ist – eine Weise des göttlichen Lebens. Was er von seinem himmlischen Ursprung her ist und bleibt, ein Sohn Gottes, dessen soll er innewerden und in einer Weise bewußt, daß er es verantwortlich und aus Freiheit zu sein wagt, und dies in der Weise seines irdischen Ursprungs, das Unbedingte erweisend mitten unter den Bedingungen der Welt.

Da der Mensch als der von der Welt her Bedingte seiner selbst und der Welt in einer Weise bewußt wird, die ihn aus seiner ursprünglichen Verwobenheit im Sein herauslöst und eine Wirklichkeitssicht entwickelt, deren Grenzen und deren Struktur das Innewerden des Seins verhindern, entsteht ein Widerspruch zwischen dem Anspruch seines dem Sein sich entfremdenden

Welt-Ichs und dem seines Wesens, darin das Sein unverwandt in ihm anwesend ist. Dieser Widerspruch bringt das spezifisch menschliche Leiden hervor mit der Chance, daß sich eines Tages das Wesen gegen das Welt-Ich meldet und, sei es allmählich oder mit einem plötzlichen Durchbruch, als Seins-Erfahrung ins Innesein tritt und das Tor sich zu dem verborgen gebliebenen Sein öffnet. Es offen zu halten, so daß das Sein als die den ichzentrierten Menschen und seine Welt von Grund auf verwandelnde Kraft zur Wirkung kommen und am Werk bleiben kann, ist dann die dem Menschen auferlegte Aufgabe. Wohl erfolgt bereits in der Seinserfahrung, je nach ihrer Tiefe, eine Umwandlung des Menschen. Ganz der gleiche bleibt er nie. Aber selbst mehrere Erleuchtungserlebnisse, in denen das Sein für einen Augenblick im Dunkel seines Welt-Daseins aufblitzt, geben noch keine bleibende Verwandlung. Dazu bedarf es treuer Übung. Sie ist der Lebensnerv des nun beginnenden, von einem neuen Sinn bewegten Lebens.

Dazu, daß es den neuen Sinn erfüllen kann, müssen drei Voraussetzungen da sein: das *Erlebnis,* die *Einsicht,* die *Übung.* Diese drei Faktoren gehören zusammen und spielen auf dem Weg fortwährend zusammen. Wo die Einsicht in den Sinn der Erfahrung sich weitet, vertieft sich alsbald das Erleben, und beides zusammen treibt in den nächstfälligen Schritt der Verwandlung mit Hilfe der Übung, die, je fester sie in der Treue des Übenden verankert ist, an Präzision und Wirkkraft gewinnt.

Neues Bewußtsein

Die Verwandlung des Menschen, die der initiatische Weg fordert, betrifft den ganzen Menschen, das heißt den Menschen als *Geist*, als *Seele* und als *Leib.*

Geist – Seele – Leib sind Begriffe, mit denen unendlich Verschiedenes anklingt. Im Exerzitium, verstanden als Verwandlungsübung, meint *Leib* nicht den Körper, den man *hat*, sondern den Leib, der man *ist.*

Die *Seele* meint die Verfassung des *Gemütes*, die Weise also, wie einem zumute ist, die *Stimmung* des Ganzen. Sie schwankt zwischen hell und dunkel, eng und weit, kalt und warm, wobei sowohl der Charakter der Stimmung wie die Gründe der Schwankungen eindeutig anzeigen, ob und wieweit der Mensch aus seinem himmlischen oder nur aus seinem irdischen Ursprung heraus lebt.

Das im Hinblick auf den *Geist* wahrzunehmende Feld der Verwandlung betrifft den Menschen vor allem als Träger eines Bewußtseins. Damit sind nicht nur die Inhalte des Bewußtseins und ihre Ordnung gemeint, sondern auch die Bewußtseinsform. Wo der natürliche Mensch auf die Stufe des Initiatischen gelangt, treten nicht nur neue Inhalte hinzu, sondern sämtliche Inhalte erhalten einen neuen Sinn. Gewicht und Gültigkeit der Ordnungen, die sein bewußtes Leben in der Welt tragen, verändern sich durch das Auftauchen des neuen Sinnzentrums. Und an die Stelle oder zumindest an die Seite der gegenständlichen Form des Bewußtseins tritt das inständliche Bewußtsein (IV). Wo das göttliche Sein – nicht nur aus dem Glauben, sondern aus einem erfahrungsbegründeten und erfahrungsgehärteten Wissen heraus zur sinn- und richtunggebenden Mitte wird, bewahren irdische Ordnungen ihre Gültigkeit nur in dem Maße, als sie dem Offenbarwerden des Seins im Ganzsein des Menschen dienen!

Wo das Sein ins Innesein tritt, verheißungsvoll und fordernd zugleich, da betrifft die ihm gehorchende Übung vor allem einen Wandel der Bewußtseinsformen. Die auf Verwandlung zielende Übung muß vor allem das inständliche Bewußtsein entwickeln.

Der Mensch hat zweierlei Bewußtsein: Das das Leben in Qualitäten wahrnehmende, von Freud und Leid gezeichnete ungegenständliche Spürbewußtsein und das das vorübergehende Leben festhaltende, gegenständlich fixierende Bewußtsein. Letzteres reflektiert das Erlebte von einem Ich-Stand aus als Gegenstand, den es als ein „Etwas" bewußt macht und festhält. Es ist das gegenständliche Bewußtsein, das auf eine objektive, das heißt unabhängig vom erlebenden Subjekt bestehende Wirklichkeit von Tatsachen zielt. Das andere ist das inständliche Bewußtsein, darin das Leben als gespürtes ins Innesein tritt und auch fortleben kann. Im gegenständlichen Bewußtsein wird das Leben begriffen, indem es einem Zusammenhang von Gewußtem eingeordnet wird, und es erscheint als „wirklich", was sich einem vorgegebenen Gefüge von Begriffen einordnen läßt (Descartes). Die Vorherrschaft dieses Bewußtseins ist ein Hauptwiderstand auf dem initiatischen Weg, der um das „unbegriffene" und unbegreifbare LEBEN kreist, dem nur ein Bewußtsein gemäß ist, das einen Erlebnis-Gehalt bewahrt und wirken läßt, ohne ihn zu vergegenständlichen. Der Abbau der Vorherrschaft des gegenständlichen Bewußtseins bildet daher ein Grundthema aller Übung auf dem initiatischen Weg. Jede Übung auf dem Wege geht notwendig mit einer Übung des inständlichen Bewußtseins einher.

In dem Maße, als die den initiatischen Weg als Verheißung, Erfahrung und Auftrag beherrschende Wirklichkeit des überweltlichen Lebens den Gesichtskreis des Menschen zu beherrschen beginnt, ergibt sich die Notwendigkeit einer neuen Weise, zu „erkennen", die mit „Wissenschaft" im alten Sinn wenig gemein hat. So muß zur Naturwissenschaft und Geisteswissenschaft als ein Drittes Menschenwissenschaft hinzutreten. Erkennen im Zeichen des himmlischen Ursprungs bedeutet etwas anderes als Erkennen im Zeichen des irdischen Ursprungs. Erkenntnis in der *Naturwissenschaft* beginnt mit dem Feststellen von Tatsachen und mündet in ihrer Erklärung, deren Gültigkeit dem Consensus omnium unterliegt. Erkenntnis in der *Geisteswissenschaft* beginnt mit Formen der Wahrnehmung, die sich auf einen Sinnzusammenhang beziehen und münden in einem Verstehen, das einen Sinn für das zu Verstehende voraussetzt.

In der kommenden Wissenschaft vom Menschen wird die Tiefe möglicher Erkenntnis abhängen von der Reife des Erkennenden – was bedeutet: daß mit der Tiefe der Erkenntnis die Zahl derer, die überhaupt noch verstehen, worum es geht, immer kleiner wird. Worte, Bilder, Begriffe in dieser Wissenschaft sind Chiffren und Signaturen. Ihr Verständnis wird nicht auf einem rationalen, sondern auf einem initiatischen Wissen beruhen, das in Seinserfahrungen und Verwandlung aus dem Sein begründet ist. Dies bedeutet: Mit der Erfahrung des himmlischen Ursprungs des Menschen und der Anerkennung des uns von ihm her für die Welt unseres irdischen Ursprungs erteilten Auftrags öffnet sich uns, das heißt jedem Betroffenen, der Vorhang vor einer völlig neuen Wirklichkeitssicht und der Aufgabe, ihr in einer neuen Form der Erkenntnis gerecht zu werden. Diese Erkenntnis aber beruht nicht auf gegenständlich-sachlicher Distanz, sondern auf dem Schwingungsgefüge ungegenständlich-personalen Einsseins, das heißt auf *Liebe.*

Die dem Menschen im Welt-Ich gegenständlich gegebene und aufgegebene Welt hört mit der neuen Sicht nicht auf, gegenständlich da zu sein, aber in ihrer Gegenständlichkeit ist als ihr eigentlicher Kern etwas Übergegenständliches zu erschauen. Auf dieses kann der Mensch in existentieller Weise nur ansprechen und antworten (reden tun heute viele darüber), wenn er es in sich selbst wahr- und ernst zu nehmen vermag. „Wär' nicht das Auge sonnenhaft, nie könnt' die Sonne es erblicken." Um dieses Aufgehen des inneren Sinnes müssen alle gültigen Übungen kreisen, die auf Verwandlung des Menschen zielen. Von dem hier sich öffnenden und zu entwickelnden neuen Bewußtsein her gibt es auch erst den existentiellen Zugang zu höheren Welten. Sosehr auch ein Mensch sich bemühen mag, sich mit seinem natürlichen

Bewußtsein zu höheren Dimensionen zu erheben oder hinzustrecken, es wird vergeblich sein, denn alles bleibt ja doch in den Grenzen und Ordnungen des alten Gesichtsfeldes und den Strukturen und Kategorien der alten Sehweise befangen, z. B. in den Kategorien von Raum und Zeit, Identität und Kausalität. Gewinnt der Mensch aber das seinem Wesen gemäße Bewußtsein, dann werden ihm auch die kleinsten unter den bekannten Dingen der Welt neu erscheinen, und in der Hülle des Altbekannten tut sich das Geheimnis des ewig Unbekannten auf. Das Wesensauge erschaut in der Begegnung, insbesondere in einem anderen Menschen, das Wesen im anderen. Im Innesein des Wesens wird auch die gegenständlich gegenwärtige Welt transparent, und das in ihr verhüllte transzendente, all-einige Wesen wird offenbar, das sich nunmehr im Erlebenden selber begegnet.

Solange das, was als Transzendenz gesucht oder geglaubt wird, nur mit dem natürlichen Bewußtsein anvisiert und als ein „Etwas" gesucht wird, wird es sich immer nur in Aspekten zeigen, die den Charakter und die Ordnungen des uns von ihm trennenden Bewußtseins spiegeln. Verhängnisvoll wirkt sich das da aus, wo die für das Welt-Ich gültige Vorstellung eines objektiv Wirklichen übertragen wird auf die Vorstellung einer Transzendenz, die nun auch als eine gegenständliche Etwas-Wirklichkeit gedacht wird. Dann wird diese zu einer Sache, deren Wirklichkeit nicht nur als unabhängig, sondern als unzugänglich für alles menschliche Erleben vorgestellt wird und damit alles Erleben von Transzendenz notwendig der bloßen Subjektivität verdächtigt.

Verhängnisvoll wird dies insbesondere dort, wo die Transzendenz faktisch als eine Du-Wirklichkeit erfahren wird, aber die Sorge vor der Subjektivität das Du in einen Abstand rückt, der das jedem wahren Du inhärente Einssein mit ihm in einem letztlich unzugänglichen Gegenüber verneint.

Übung und Gnade

Ein Grundthema durchzieht immer das religiöse Leben des Menschen: die Frage nach dem Verhältnis von Übung und Gnade. Wo das Eigenwirken des Menschen, das in der Kraft seines Willens und seiner Fähigkeiten mögliche Tun, dem Wirken der Gnade gegenübergestellt wird, als ein ihm von „ganz woandersher" zufließendes Geschenk, spiegelt sich darin eine bestimmte Vorstellung vom Verhältnis des Menschen zur Transzendenz und damit eine bestimmte Vorstellung vom Menschen überhaupt. So hat jede Religion, jede Theologie eine bestimmte Anthropologie zur Voraussetzung, deren Eigenart und Grenzen freilich oft nicht genügend bewußt sind. Es ist an der Zeit, daß die unserem religiösen Leben, insbesondere auch unserer religiösen Erziehung und Führung zugrunde liegende Anthropologie bisher scheu respektierte Grenzen durchbricht und einer Auffassung zusätzlichen Einlaß gewährt, die die bisherige Grenzziehung zwischen Mensch und Transzendenz korrigiert.

Bisher liegt der Begriff der Gnade in der Regel einer Vorstellung vom Menschen zugrunde, die auf den „natürlichen" Menschen beschränkt ist, dessen Selbstbewußtsein und dessen ernst zu nehmende Wirklichkeitssicht allein auf der Identifikation mit seinem Welt-Ich aufruht, das aus seinem Ich-Stand immer das andere, das heißt alles Erlebte als Gegen-Stand fixiert, und wo die Welt, insofern sie Wirklichkeit hat, als eine konzipiert wird, die sich gegenständlich gibt. Ohne Gegenstand ist das Ich gar nicht existent. Wo dem Bewußtsein des Menschen ausschließlich diese Struktur zugeschrieben wird, kann auch alles, was allein der Möglichkeit nach Wirklichkeit hat, nur als ein „Gegenüber" gedacht werden. Alles andere ist notwendig nur „subjektiv". Hier kann dann das Wirken der Gnade ganz selbstverständlich ausschließlich im Aspekt eines „distanten" Verhältnisses von Gott und Mensch gesehen werden.

Wo der Mensch alles von seinem Welt-Ich aus sieht, da leitet er das Erleben einer als Gnade empfundenen Erfahrung natürlicherweise von einem göttlichen Ursprung ab, der außerhalb alles Menschlichen liegt und ihn in einer Weise beschenkt, die nichts mit persönlichem Verdienst, eigenem Bemühen oder persönlicher Entwicklung zu tun hat. Kein Werk, auch kein Werk der Übung kann dann etwas mit dem Geschenk der Gnade zu tun haben.

Heute aber ist mit dem Ernstnehmen der Seinserfahrungen die Zeit gekommen, als Zentrum des lebenden, leidenden, suchenden, liebenden, kurz, des wirklichen Menschen selbst ein „Unbedingtes, Übermenschliches, Überweltliches" anzuerkennen, das das Fassungsvermögen des Ichs und den Horizont seiner Weltsicht überschreitet.

Wenn der Mensch den Einbruch der überweltlichen Wirklichkeit erfahren, das ihn in seiner Natur Überschreitende als die ihm selbst innewohnende Weise eines unbedingten Seins gespürt, ja, als sein eigenes Lebensprinzip, sein Zentrum, sein eigenes Wesen über allen Zweifel hinaus erfahren und erkannt hat, dann füllt sich ihm der Begriff Gnade mit einem neuen Sinn, und neue Aspekte tun sich auf für Fragen des Verhältnisses von Übung und Gnade. Gnade erscheint nun nicht mehr nur als ein dem Menschen von außen zukommendes Geschenk, sondern der Mensch erlebt sich selbst, das heißt das ihm eigene, in der Sicht seines Welt-Ichs verborgene *Wesen als die ihm eingeborene Gnade:* Daß er das ist, was er im Wesen ist, daß er seiner selbst innezuwerden vermag als Kern, Verheißung und Auftrag, *das* ist, gemessen an all dem, womit er sich in seinem Welt-Ich zu mühen hat, Geschenk der Gnade! Sich dieses Gnadengeschenkes voll bewußt zu werden, sich zu ihm hin zu öffnen und sich ihm gemäß und zum Dienst an dem in ihm anwesenden göttlichen Sein zu verwandeln, ist hier einer seiner Bestimmung gemäße Aufgabe. Sie zu erfüllen ist das Werk der Übung.

Die Gnade, die für den natürlichen Menschen ein Geschenk

ist, das ihm von Gott-Außen zufällt, ist für den initiatischen Menschen ein ihm zur Bewußtwerdung gegebenes und aufgegebenes Gott-Innen, das Wesens-Innen seiner selbst wie aller ihm auch gegenständlich gegebenen Welt-Wirklichkeit. Während sich beim natürlichen Menschen das Werk der Übung auf eine physische oder psychische, auch moralische Leistung beschränkt, die im Wünschen und Wollen seines, auch wohlmeinenden, Welt-Ichs gründet und daher nie an die göttliche Gnade heranreicht, meint das Werk der Übung für den initiatischen Menschen: sich der ihm in Gestalt seines Wesens eingeborenen Gnade bewußt und ihr konform zu werden. Konform, das bedeutet, ihrem Offenbarwerdenwollen entsprechen können, also transparent sein zu können für sie, so daß er sie vernehmen kann und sie in ihm und durch ihn offenbar werden kann in seiner Welt.

Während die Bewußtseinssicht des natürlichen Menschen wegen ihrer Tendenz zum Feststehenden und Überdauernden (statisch) dem dynamischen, auf ewige Verwandlung zielenden LEBEN widerspricht, wird für den initiatischen Menschen in seiner inständlichen Schau eben der Werde-, Erlösungs- und Verwandlungsdrang aus dem Wesen und im Dienst des Wesens zum Prinzip des Handelns und Erkennens, darin sich der Erkennende und das Erkannte im Wesen, das heißt in Christo, wechselseitig begegnen und entdecken. Für den initiatischen Menschen steht im Verhältnis von Werk und Gnade nicht mehr gegenüber das, was man geschenkt bekommt, und das, was man macht, sondern das, was man unbewußt und dem Wesen nach selber ist, und das, was kraft besonderer Übung bewußtwerdend zum Prinzip des Lebens und wahrhaft personaler Selbstverwirklichung werden kann (XIV).

Wiederholung

Die erste Voraussetzung aller Übung ist, daß man wirklich verstanden und in sich aufgenommen hat, was rechtes Üben als Exerzitium bedeutet: Nicht üben zu einem Können im Dienst einer von der Welt her geforderten Leistung, sondern Exerzitium zu neuem Sein im Dienst des inneren Weges. Die Übung zu einem Können erledigt sich, wenn man das Geübte kann. Übung auf dem inneren Weg beginnt erst, wenn man das Geübte kann und besteht in einer ewigen Wiederholung des Gekonnten. Wo dann die Technik einer Leistung vollendet beherrscht wird, spiegelt der Ablauf jeder Wiederholung des Gekonnten die Haltung des Übenden wider. Jeder Fehler im Vollzug zeigt eine Fehlhaltung des Übenden an. Ist diese als solche erkannt, dann wird die weitere Bemühung um den reinen Vollzug zu einer Arbeit des Menschen an sich selbst. Ebenso werden auch die Grundübungen der rechten Haltung und des rechten Atems zu einem wegfördernden Exerzitium erst dann, wenn man sie technisch beherrscht. In der ewigen, das heißt den ganzen Tag hindurch dauernden Wiederholung ihres wesensgemäßen Vollzuges wächst der innere Mensch. So wird dann auch der Alltag zur Übung.

„Wiederholung" hat es schwer, sich als integraler Bestandteil geistlicher Übung durchzusetzen in einer Zeit, die, als Reaktion auf immer weitergreifende Manipulation durch die technisch organisierte Gesellschaft, Spontaneität sucht: schöpferisches Erkennen, Lieben, Gestalten, Handeln – jetzt und hier, aus dem Augenblick heraus! Wiederholung als Mittel religiöser Entwicklung hat es aber auch schwer, Anerkennung zu finden im Widerspruch zu einer Auffassung, für die das im religiösen Sinn Wesentliche in der Einmaligkeit des Augenblicks persönlicher Hingewandtheit zu Gott und in der Unvorhersehbarkeit seines Wirkens am Menschen wurzelt. Doch gerade die Wiederholung als Einübung bestimmter Haltungen kann dazu helfen, die Bedingungen zu schaffen, die sowohl einer Spontaneität aus der Tiefe wie dem Aufgeschlossensein für den immer einmaligen Einbruch des Göttlichen günstig sind. Und noch ein Drittes steht heute der Bereitschaft zur Wiederholung im Wege: daß alles Üben Disziplin erfordert. Das ist etwas, auf das eine Generation negativ reagiert, die antiautoritär bis zur Feindseligkeit gegen jede Ordnung und jede Form empfindet. Denn Wiederholung als Prinzip des Übens bedeutet freilich: immer noch einmal etwas tun *müssen*, unabhängig von der augenblicklichen Bereitschaft oder Stimmung. Hier ist aber zu unterscheiden zwischen autonomer Disziplin, die einem freien Entschluß entspringt, darin der Mensch der Autorität seines eigenen Wesens gehorcht, und heteronomer Disziplin, die aus dem Gehorsam gegenüber einer äußeren Autorität entsteht.

Dem Sinn der Übung, der Transparenz, dient als unmittelbares Ziel die Automatisierung eines Tuns bzw. die dadurch mögliche Ausschaltung jenes Ichs, das gegenständlich fixiert, das Gekonnte immer noch einmal *macht* und Sorge hat, daß es nicht gelingt. Diese drei Momente, das gegenständliche Feststellen und Festhalten, das eigenwillige Machen und die Angst vor dem Versagen stehen dem Innewerden und Wirksamwerden jener Wirklichkeit im Wege, die nie gemacht werden kann und nur wirksam wird, wo der Mensch mit seinem Wollen, seinem Wissen und seiner eigenen Wirkkraft zurücktritt.

Am Anfang aller religiösen Kulte stehen Tanz und Gesang in Gestalt endloser Wiederholung rhythmischer Bewegungen und gleicher Tonfolgen. Solche Übungen heben die eigenständige, sich in „Positionen“ haltende Daseins- und Bewußtseinsform des natürlichen Menschen auf und versetzen ihn in den besonderen Zustand eines Außersichseins. Er gerät heraus aus dem Ich, darin er sich als ein Eigener auf sich selbst gestellt hat und vom anderen absetzt, und er gerät ekstatisch hinein in ein Umfassenderes, darin er sich losgelassen und ausgelassen in beglückender Weise zugleich befreit und aufgehoben fühlt. Wie in einem Taumel trägt es ihn über die engen Grenzen seines gewöhnlichen Horizontes hinaus und schenkt ihm nicht nur den Kontakt mit einer anderen Dimension, sondern das Erleben, im Grunde in einer umfassenderen Wirklichkeit beheimatet zu sein, in die er nun heimgekehrt ist. Ist solches Erleben nur primitiv? Und nur dem primitiven Menschen zugänglich? Gewiß nicht. Aber das, was den hochentwickelten Menschen in seiner vermeintlichen Eigenständigkeit hält, ist etwas, das ihn von der Ureinheit trennt, zu der es ihn, weil er ja in seinem Wesen unabdingbar an ihr teilhat, doch immer hinzieht. Und je mehr er sich seiner Urheimat entfremdet, um so gewaltiger wird ihn ein Wirbel ergreifen, wo er sich einmal in ein „Ur" „hineinlassen" kann. So auch müssen wir viele Erscheinungen unserer Zeit verstehen als Akte der Befreiung verdrängter Seiten, die zum elementaren Menschen gehören und die dort, wo sie nicht nur im Zeichen des Ebenmaßes diszipliniert werden müssen, sondern überhaupt verdächtigt und verneint werden, früher oder später mit Urgewalt hervorbrechen müssen (XIV).

Das Hinfinden zur wesensgemäßen Gebärde, ihrer Einübung in „ewiger Wiederholung", insbesondere auch der Zugang zum Tanz als Quell und Medium der Selbstentdeckung, Selbstbefreiung und Selbstübung im Leibe wird mehr und mehr Bestandteil aller Erziehung, insbesondere aller Berufe sein müssen, die es mit der Führung von Menschen zu tun haben – also aller Lehrer, Therapeuten und Priester. Wichtig ist dabei das Wissen um den zweifachen Sinn jeder Handlung und um den Sinn des Leibes.

Zweifacher Sinn jeder Handlung

Mit seinem Ehrgeiz, seiner Schmerzscheu, seinem Geltungs- und Machtbedürfnis, seinem Grundmißtrauen gegen das Leben und seinem entsprechenden Sicherungsbedürfnis steht das primäre Ich dem Menschen nicht nur bei der Erfüllung seines Leistungspotentials in der Welt und der Vollendung seiner Persönlichkeit als einem zuverlässigen Diener seiner Gemeinschaft, sondern besonders auf dem Weg zur Transparenz, also auf dem initiatischen Weg, im Wege. Die Verhärtungen des Menschen in Haltungen des Welt-Ichs zu beseitigen, erfordert eine Veränderung der Gesamteinstellung und damit des Insgesamt der Gebärden, in denen es sich ausdrückt und verhält. Für die Arbeit im einzelnen gilt, daß Atem, Haltung und Spannung nicht nur Ausdrucksfelder des Welt-Ichs sind: ihr jeweiliger Charakter ist mitbedingt durch das Verhältnis zwischen Welt-Ich und Wesen. So ist ihr Charakter auch immer bezeichnend für das Maß der Transparenz. Jede Deformation des Atems bedeutet verhinderte Durchlässigkeit. So können Haltung, Atem, Spannung auch ganz bewußt als Medien des inneren Reifens geübt werden. Dies ist bislang ebenso unbeachtet geblieben wie die Tatsache, daß wir jede Leistung, deren Technik wir beherrschen, als Exerzitium zur Förderung unserer Entwicklung auf dem initiatischen Weg nutzen können. Um das zu verstehen, bedarf es der grundsätzlichen Einsicht in die zwiefache Bedeutung jeder Handlung.

Jede Handlung hat in dem, was sie bezweckt, ihren äußeren Sinn; er betrifft das, was bei ihr herauskommt. Sie zeigt darin, was der Handelnde kann, hat und weiß. Jede Handlung erfüllt oder verfehlt aber auch in der Weise, *wie* sie vollzogen wird, einen inneren Sinn; er betrifft das, was bei ihr hereinkommt und offenbart darin den, der man *ist. Jede* Handlung in der Welt kann durch die Haltung, in der sie vollzogen wird, dem Fortschreiten auf dem Weg zum wahren Selbst dienlich sein. So auch jede „Bewegung", versteht man sie als Gebärde. Daß sie es tut, erfordert eine bestimmte Einstellung, in der sich im Alltag die Entschlossenheit und Treue zum Weg bekundet. Es gibt die heilende Kraft der reinen, das heißt der dem Wesen gemäßen Gebärde (VI).

In aller Bewegung, nicht nur im Knien, im Tanz oder im sakralen Schreiten, das heißt nicht nur in der kultisch gebundenen Bewegung, ist die Chance gegeben, sich in seiner Zugehörigkeit und im Dienst der mit unserem unendlichen Ursprung gegebenen Wirklichkeit, auf dem Weg auf sie hin und von ihr her zu erfahren und zu bewähren. Voraussetzung ist freilich, daß man sich bewußt oder unbewußt ständig in der „Chance des Numinosen", das heißt im Kontakt mit dem Wesen, hält oder zu halten bemüht ist. Dies Bemühen hält uns als den Leib, der wir sind, immer in einer bestimmten „Schwebe". Es bestimmt unwillkürlich das Tempo unserer Bewegungen, wahrt den eigenen Rhythmus, vermeidet alles Stehenbleiben und Stocken, vollzieht auch das Stehen als „Atmen" und hält uns – wo immer man auch in der Welt ankommt – doch innerlich im Weiterschreiten (VI).

Geformte Durchlässigkeit

„Der Geist weht, wo er will" – aber wie müssen wir sein, damit wir seinen Hauch verspüren, ihn zulassen und ihm gehorchen können? Vielleicht können wir gelegentlich die Stimme der Transzendenz in jeder Verfassung einmal hören. Aber nur, wenn wir in einer bestimmten „Form" sind, können wir bleibend dem offen sein, was sie von uns fordert oder uns verheißt. Gewiß, wir können von ihr berührt werden im Schlafen wie im Wachen, im Rausch wie in der Nüchternheit, in körperlicher Aufgelöstheit wie in einem Zustand der Verspannung, aber ihrem Anspruch entsprechen können wir nur in der „rechten Form", das ist in einer Verfassung, die zugleich „durchlässige Form" und „geformte Durchlässigkeit" ist. Wir müssen offen sein für die Fülle, Gesetzlichkeit und Einheit des in unserem Wesen anwesenden Seins, sowohl durchlässig und aufnahmefähig als auch bewahrungs- und gebefähig. In uns als Bewußtseinswesen kommt das Leben zum Bewußtsein seiner selbst in nie stillstehender Verwandlung: im ununterbrochenen Atem, im ewigen „Stirb und Werde" einer Form, im ewigen Umschwung von Yin und Yang.

Seinsgemäße Form kann nie Verwirklichung eines Bildes in einer es endgültig und vollkommen darstellenden Gestalt sein. Nur eine bestimmte Bewegunsgestalt kann dem wach gelebten Leben, dem lebendigen Wesen, entsprechen.

Die uns auf dem Weg zugedachte „Form" kann demnach nur eine Verfassung des ganzen Menschen sein, die nie endende Verwandlungsbewegung gewährleistet. Das Ziel ist demnach eine zur zweiten Natur gewordene Verwandlungs*formel*, die das Gesamtverhalten des ganzen Menschen bestimmt. Des ganzen Menschen – und dies bedeutet insbesondere auch des Menschen im *Leib!*

Die Kunst, den Leib wahrzunehmen, zu erkennen und zu bilden als Medium des inneren Weges, auf dem das Wesen fortschreitend offenbar werden kann, hat ganz andere Voraussetzungen als die, die zur Wahrnehmung des Leibes als Mittel zum Bestehen in der Welt bekannt sein müssen. Im Leibe, Leib verstanden als Medium des Wesens, nimmt der Mensch, z.B. mit dem Altern, nicht notwendigerweise ab. Er kann vielmehr gerade im Altern im Zunehmen bleiben, das heißt im Zunehmen an Transparenz. Ja, er kann im Sterben noch, einfach durch seine Weise, auch im Leibe „da" zu sein, ganz durchlässig werden und so gerade im Sterben der Bestimmung des Menschen genügen: vom Göttlichen zu zeugen in der Welt.

Der Leib, der man ist

Unsere traditionelle Auffassung vom Leibe leidet unter der dualistischen Vorstellung eines seelenlosen Körpers, dem eine körperlose Seele gegenübersteht, mit der er in rätselhafter Weise verbunden ist. Im Hinblick auf den *Menschen*, so wie wir ihm begegnen und täglich mit ihm „umgehen", ihn lieben oder fürchten, ist diese Trennung nicht aufrechtzuerhalten. Wer hat jemals einen seelenlosen Körper laufen sehen oder eine körperlose Seele! Ist die Leiche noch der Mensch?

Fragt man jemanden, zu dem man spricht, wen er eigentlich höre, den Körper oder die Seele (ein Drittes gibt es in der traditionellen Auffassung ja nicht), dann wird man vielleicht die Antwort erhalten: „Die Stimme, die ich höre, ist etwas Körperliches. Das, was ich höre, ist aber etwas Seelisch-Geistiges, also höre ich eine Einheit von Körper und Geist bzw. von Seele und Leib." Eine solche Antwort ist ein Krampf, in dem deutlich wird, daß das unmittelbar Gegebene außer Sicht geriet. Die schlichte Antwort auf die Frage: „Wen hören Sie?" muß doch einfach lauten: „Ich höre Sie!" Man hört mich, diesen bestimmten Jemand, der als solcher jenseits ist des Gegensatzes von Körper und Seele. Wenn man diesen Jemand in der Wissenschaft vom Menschen so ernst zu nehmen lernte, wie wir ihn im täglichen Umgang mit unseren Mitmenschen ernst nehmen, so begänne in der Geschichte der Erkenntnis, aber auch der Erziehung, der therapeutischen Behandlung und der geistlichen Führung des Menschen ein neues Kapitel! Wir sind heute im Begriff, dieses Kapitel zu beginnen. Wir fangen an, den Menschen ernst zu nehmen als den Jemand, das heißt, als die leibhaftig uns begegnende Person, die jenseits ist des Gegensatzes von Leib und Seele oder von Körper und Geist. Dies aber bedeutet auch eine Wende in der Auffassung des Leibes.

Es ist eine eigentümliche Tatsache, daß für den Fernen Osten, für dessen Weltanschauung „Inkarnation" das Grundübel ist, der Leib als Medium transzendentaler Transparenz eine maßgebende Rolle gespielt hat, während der christliche Westen, für den die Inkarnation, die Fleischwerdung des Geistes, in der Mitte steht, den Leib immer wieder als Widersacher, Hindernis und Störung auf dem Weg zum Heil empfunden und verurteilt hat. Bestenfalls hat er eine nur säkulare und pragmatische Bedeutung. Der Leib als solcher scheint fern von aller geistigen Wirklichkeit. So ist es auch kein Wunder, daß altöstliche Leibesübungen, wenn sie, wie etwa das Hatha-Yoga, ihren Einzug im Westen halten, vornehmlich als eine Art Gymnastik des Körpers gelehrt und geübt werden. Werden sie aber so verübt, dann ist ihr wahrer, das heißt, ihr initiatischer Sinn: „Anjochen an das Absolute", vertan.

Ganz einseitig wird bei uns der Leib als Instrument verstanden, mit dem man in der Welt bestehen, sich durchsetzen und etwas leisten muß. So wird er „geübt", das heißt trainiert und behandelt wie ein Apparat, der in Ordnung, haltbar, elastisch und „gut geölt" sein muß, um leistungsstark und reibungslos zu funktionieren. Solche „Behandlung" trifft aber nur den Körper, den man „hat". Sein Funktionieren hat, wie große Sportskanonen oft genug beweisen, meist sehr wenig mit der inneren Reife oder gar dem initiatischen Weg zu tun. Etwas ganz anderes geschieht, wenn man den Leib, statt ihn nur auf Funktionstüchtigkeit und Leistungskraft zu trainieren, in den Dienst der inneren Verwandlung zu stellen versucht. Dann freilich handelt es sich nicht um den Körper, den man hat, sondern um den Leib, der man ist. Dies ist eine Unterscheidung, die schon für alle personale, das heißt den Menschen, nicht nur den Körper meinende Therapie entscheidend ist. Nicht weniger wichtig wird sie, wo es um die Führung auf dem inneren Weg geht; denn wie schon zum weltgemäßen Verhalten des natürlichen Menschen die physische Gesundheit des Körpers nicht zureicht, so genügt die Beherrschung der „Umgangsformen" noch nicht zur leibhaften Bezeugung des Unbedingten im Raum des Bedingten. Die im Zeichen des Absoluten geforderte Durchlässigkeit der Form des Leibes ist etwas anderes und meint mehr als die einer Gemeinschaft oder einem Werk angepaßte leibhafte Verhaltensform.

Was meint das: Der Leib, der man ist? Es meint den Menschen, den ganzen Menschen als Person in der Weise, in der er sich nicht nur erlebt, sondern darlebt, das heißt dar-leibt. Man kann den Leib nicht nur in gegenständlichem Abstand als den Körper wahrnehmen, den man *hat*, dessen man sich wie einer Sache bewußt werden oder wie eines Instrumentes bedienen kann zu weltlicher, vielleicht sogar meßbarer Leistung. Man kann und soll vielmehr sich dessen, was man den Körper nennt, auch inne werden als des Leibes, der man *ist*. Das ist der Leib als sinnlich greifbare Gestalt, in welcher ich als Person in der Welt *da* bin, von meinen Mitmenschen leibhaftig wahrgenommen werde und den anderen wahrnehme.

So verstanden ist der Leib das Ganze der Gestimmtheiten und Gebärden, in denen der Mensch sich selbst als die ihrer selbst bewußte und zugleich die Welt erlebende und in ihr handelnde Person fühlt, ausdrückt und darstellt, in Raum und Zeit besteht oder untergeht, sich zum wahren Selbst hin verwirklicht oder verfehlt.

Nicht etwa nur „innerlich“, sondern im Leibe als der Weise, in der man als Person in der Welt sichtbar und greifbar *da* ist, ist man auf dem rechten Weg oder nicht, ist man der Situation gewachsen oder nicht, ist stark oder schwach, im Gleichgewicht oder labil, dem Leben gegenüber offen oder verschlossen, im Kontakt oder in Abwehr, angepaßt oder im Widerspruch, hell oder dunkel, mit oder ohne „Strahlung“, freundlich oder feindlich – und in alledem im Einklang mit seinem Wesen oder nicht! Im Leibe auch erkennt man sich selbst als richtig oder falsch „da“, was auch immer im Augenblick die innere oder äußere Forderung sein mag. Richtig ist man da, wenn man als Leib durchlässig ist für sein Wesen, das heißt für die Weise, in der das Leben in unserer Individualität Gestalt gewinnen und sich manifestieren möchte hier und jetzt, in diesem Augenblick. Falsch ist man da in dem Maße, als man als Leib jetzt und hier das Werden und Sichbezeugen der wesensgemäßen Gestalt verhindert.

Ist einem einmal die Möglichkeit und die Aufgabe bewußt geworden, sich auch als Leib seinsgemäß zu verwandeln, dann beginnt ein neues Leben, denn diese Aufgabe wird zum Begleiter in allen Situationen des Lebens (V, IX, XVI).

Der Leib, der man ist, reflektiert in Spruch und Widerspruch den himmlischen und den irdischen Ursprung des Menschen. So gibt es die Weise, als Leib da zu sein, die mit ihrer füllehaltigen und warmen Aura und auch im Glanz ihrer wesensgemäß durchlässigen Form in beglückendem Ausmaß vom himmlischen Ursprung des Menschen zeugt. Und es gibt jene andere, durch Verkrampfung und Auflösung im Wechsel bestimmte Weise, da zu sein, die den vom eigen-sinnigen Ich bestimmten irdischen Ursprung des Menschen widerspiegelt. Aber nur, wer das Gesetz seines Lebens vom himmlischen Ursprung bezieht, wird das Wechselspiel zwischen ichzentrierter Verspannung und haltloser Aufgelöstheit nicht als bloße Folge widriger Umstände erklären und entschuldigen wollen, sondern als mitverschuldeten Verstoß gegen die ihm vom Wesen her verheißene und auferlegte Bestimmung empfinden.

Dreierlei Leibgewissen

Auf dem inneren Weg kann man über den Leib nur vorankommen, wenn man die Stimme des dritten Leibgewissens zu hören und ihr zu folgen vermag. Das erste Leibgewissen meint „Selbsterhaltung". Es ist bezogen auf Gesundheit, auf Funktionstüchtigkeit in der Welt. Das zweite Leibgewissen ist orientiert an der Schönheit, am Ebenmaß und an der Vollendung unserer Gestalt in jeglichem Tun und Gebahren in der Welt. Das dritte Leibgewissen aber meint die große Durchlässigkeit, die Transparenz für die uns innewohnende Transzendenz. In diesem Sinne kann ein Mensch in „olympischer Form" sein, kerngesund, fähig zu fast übermenschlichen Leistungen, also in der Vollkraft seines Körpers, auch schön, und doch sehr fern von aller Transparenz; und ein dem Tod Geweihter noch auch in seinem Leibe in höchstem Maß in Ordnung sein, durchlässig für das auf ihn zukommende und ihn im Tode verwandelnde andere LEBEN.

Die Transparenz können wir verletzen durch etwas, das weder unserer Gesundheit noch unserer „Linie" schadet, z.B. durch ein „klein-wenig-zu-viel" beim Einnehmen einer Mahlzeit, oder – was vor allem junge Menschen mehr am Fortschritt auf dem inneren Wege hemmt, als man gemeinhin annimmt – durch Selbstbefriedigung. Sie nimmt den Glanz weg, das heißt den Ausdruck wesensgerechten Daseins, und Therapeuten, die ihre Patienten zur Selbstbefriedigung als etwas ganz Natürlichem, das nur durch alte Tabus verfemt sei, ermuntern, wissen eben nichts von diesem Glanz und dem in ihm erscheinenden Wesen. Wie weit Onanie gesundheitsschädlich ist, ist eine Frage. Daß sie wesenswidrig ist, steht außer Frage. Das Schuldgefühl, das mit ihr entsteht, kann, sofern es moralische Gründe hat, überspielt werden. Sofern aus ihr die Stimme des Wesens spricht, nicht!

Transparenz für Transzendenz als Sinn der Übung sucht die „heilende Kraft der reinen Gebärde", in der der Mensch unverstellt ist für das Sein im persönlichen Ausdruck seiner Fülle, Gesetzlichkeit und Einheit. Aber der Mensch, der in der rechten Transparenz ist, spiegelt, einfach in seiner Weise, dazusein, alle Dreieinheit des Seins wider.

Die Arbeit an der Transparenz des Menschen als Leib setzt ein Wissen um vieles voraus, sowohl im Hinblick auf das, was diese Transparenz verhindert als im Hinblick auf Möglichkeiten, gegebene Behinderungen der Durchlässigkeit im Leibe aufzuheben. Das übliche Turnen hat damit nichts zu tun. Leibesübungen sind bislang ganz an einer Vorstellung vom „gesunden Körper" orientiert. Wo die Gymnastik die Schönheit, die Grazie miteinbezieht, geschieht dies in der Regel doch in einem nur säkularen Sinn, obwohl sich hier ein Eingangstor zur Wahrnehmung initiatischer Möglichkeiten auftun kann.

In dem so gut wie ganz an der Welt orientierten Menschen – an seiner Leistung in der Welt und seinem Eindruck auf die Welt – muß überhaupt erst einmal der Sinn aufgehen für das, was es heißt, man sei im Leibe durchlässig für das in unserem Wesen anwesende göttliche Sein – gewiß nicht nur in feierlicher Gebärde! –, und für die leibhaften Voraussetzungen solcher Durchlässigkeit.

Die entscheidende Voraussetzung ist die Verankerung des Leibes in der rechten Mitte. Mit ihr zusammen hängt der rechte Atem und der rechte Tonus (IV).

Der Bezug des Menschen zum Oben und Unten, zur Welt und zu sich selbst

Aus der leibhaftigen Erscheinung des Menschen aus dem Leib, der er „ist“, spricht uns jeweils ein Dreifaches an:

1. Ein bestimmter Bezug zum „Oben“ und zum „Unten“: Der Mensch kann nicht fliegen, noch muß er kriechen. Er ist weder Vogel noch Wurm, sondern er bewegt sich als Mensch aufrecht, das heißt zum Himmel erhoben, auf der Erde.
2. Ein bestimmter Zusammenhang mit der Welt: Der Mensch steht in einem polaren Verhältnis zur Welt, darin er einerseits sich selbst wahrt, andererseits mit ihr verbunden und in lebendigem Austausch ist.
3. Ein bestimmtes Verhältnis zu sich selbst: Immer steht er in seiner jeweilig gewordenen Form in einem bestimmten Verhältnis zu dem Leben, das in ihm selbst auf Bekundung, Entfaltung und Einswerdung drängt.

Immer drängt das Wesen des Menschen auf Verwirklichung in einer Gestalt, in der es offenbar werden kann in der Welt. Wo das möglich ist, ist der Mensch in seiner Mitte. Dies „In-seiner-Mitte-sein“ des Menschen ist nie etwas nur Innerliches, sondern betrifft den Menschen auch in seinem Dasein in der Welt, das heißt in seinem Leibe. Die Gestalt, das heißt die Weise, wie ein Mensch da ist, ist daher dann „richtig“, wenn er in ihr transparent ist für sein Wesen und das in seinem Wesen anwesende Sein. Diese Transparenz ist aber nur in einem ganz bestimmten Verhältnis des Menschen zum Oben und Unten, zur Welt und zu sich selbst gegeben und gewährleistet. Das durch die inneren und äußeren Umstände jeweilig mitbedingte Sosein des Menschen entspricht dem Inbild des rechten Verhältnisses aber nie ganz.

Er ist also immer nur auf dem Wege zu der ihm aufgegebenen vollkommenen und in der rechten Mitte zentrierten Gestalt.

1. Ob der Mensch mit Bezug auf die Beziehung zwischen Oben und Unten in Ordnung ist, wird vor allem an seiner „Haltung“ sichtbar, das heißt an der Art und Weise, wie er die ihm als Menschen im Unterschied zum Tier zugedachte Vertikale darlebt. Ist diese nicht ein Symbol seines himmlischen Ursprungs? Ist er in der rechten Weise „aufrecht“, dann verbindet er in seiner Haltung Himmel und Erde. Seine Gebundenheit nach unten bringt sein Aufgerichtetsein nicht in Gefahr, und in seinem Aufgerichtetsein liegt keine Verneinung seiner Gebundenheit an die Erde. Er ist vielmehr im Kontakt mit einem Unten, das wie das Wurzelwerk des Baumes seiner Aufwärtsbewegung nicht nur nicht widerspricht, sondern sie gleichsam mit hervorbringt und sichert. Zugleich hat seine Strebung nach oben nicht den Charakter einer ihn von der Erde wegziehenden Bewegung, sondern einer die lebenspendende Wurzelkraft bezeugenden Aufwärtsbewegung. Die mit Bezug auf das Verhältnis vom Oben zum Unten „rechte“ Erscheinung bringt unverstellt und harmonisch zum Ausdruck, daß der Mensch zugleich in der Erde gegründet und auf den Himmel bezogen, von der Erde gespeist und getragen und vom Himmel gezogen wird, an die Erde gebunden ist und zugleich himmelwärts strebt.

2. Ist die lebendige Gestalt dem rechten Verhältnis zur Welt, zu Mensch, Ding und Natur gemäß, so besagt sie: Er ist ihr gegenüber sowohl geschlossen wie geöffnet, zugleich klar konturiert und im durchlässigen Kontakt, von der Welt abgesetzt und zugleich mit ihr verbunden, der Welt gegenüber zugleich „verhalten“ und aufgeschlossen. Als in rechter Weise lebendige Gestalt atmet er die Welt gleichsam stetig in sich ein und atmet sich ruhig in sie aus.

3. Bekundet die lebendige Gestalt das rechte Verhältnis des Menschen zu sich selbst, dann erscheint er in ihr sowohl gehalten als gelassen, sowohl in einer sich bewahrenden Form als auch beseelt von lebendiger Dynamik und im rechten Verhältnis von „gespannt“ und „gelöst“.

So erscheint die rechte Gestalt in der Dreiheit von Haltung, Atem und Spannung.

Im Hinblick auf die drei Erscheinungsformen des rechten Verhältnisses zu Himmel und Erde, zur Welt und zu sich selbst zeigt sich nun, in welcher Weise und in welchem Ausmaß der Mensch, der seine Mitte noch nicht gefunden hat oder sie wieder verliert, das seinem Wesen innewohnende immanente Gesetz zu einer ihm gemäßen Gestalt verletzt. Jede Verfehlung des im Grunde Gemeinten tritt als Störung des Gleichgewichtes zwischen zwei Polen in Erscheinung, so als Übergewicht des „Himmels“ über die „Erde“ oder der Erde über den Himmel, des Ichs über die Welt oder der Welt über das Ich, der Form über das ihr innewohnende und in sie hineindrängende Leben oder des Lebens über die seiner Bezeugung dienende Form.

1. So sehen wir die Menschen den ihnen zugedachten Bezug zu Himmel und Erde verfehlen, wo sie – im Stehen, Sitzen und Gehen – entweder übertrieben und einseitig nach oben gereckt sind oder aber in einer Weise nach unten absacken, die alle Gerichtetheit von unten nach oben auslöscht. Im letzten Fall tritt an die Stelle eines lebendigen Getragenseins von der Erde der Eindruck lebloser Trägheit oder Herabgedrücktheit. Das Gegründetsein in den Wurzeln erscheint als lastende Schwere, das Basishaben als ein Kleben am Boden. Solche Menschen gehen nicht, sondern schleppen sich dahin, sie sitzen nicht, sondern sacken zusammen, sie stehen nicht, sondern fallen nur eben nicht um.

Gewinnt die Richtung nach oben überhand, dann wirkt der Mensch in einer Weise „nach oben gezogen“, die alle Beziehung nach unten verleugnet. Solche Menschen gehen, stehen oder sitzen mit hochgezogenem Leibe. Sie fassen beim Gehen nicht Fuß, sondern wippen, trippeln und tänzeln. Sie verneinen ihre natürliche Schwere. Sie richten sich nicht in organischer Weise auf, sondern sind mit hochgespannten Schultern nach oben „verzogen“. So wirken sie je nachdem verkrampft, aufgeblasen oder „verstiegen“.

In beiden Fällen fehlt die das Oben mit dem Unten verbindende Mitte, der richtige Schwerpunkt. Ist er vorhanden, dann finden sich die zum Himmel weisenden und die die Erde bejahenden Kräfte zur Harmonie des Ganzen zusammen. Was oben ist, wird von unten getragen. Was unten ist, hat eine natürliche Strebung nach oben. Es wächst die Form von unten nach oben wie beim Baum, und die Krone ruht auf einem lotrechten Stamm, der breit und tief verwurzelt ist. So bekundet die rechte Haltung ein Ja des Menschen zu seiner zwischen Himmel und Erde gespannten, bipolar beheimateten Ganzheit. Er klebt nicht an der Erde, aber hat Vertrauen zu ihr. Er strebt himmelwärts, aber vergißt nicht seine Erde.

2. Das Fehlen des rechten Verhältnisses zur Welt zeigt sich in einem Verhalten, darin der Mensch entweder die auf ihn zukommende Welt nicht zuläßt und sich gegen sie abschließt oder ihr haltlos ausgeliefert erscheint. Ist das erste der Fall, dann wirkt der Mensch nicht geschlossen, sondern verschlossen, nicht lebendig konturiert, sondern in seinen Zügen verhärtet, erstarrt, unbeseelt. Er ist kontaktlos wie eine leblose Figur. Seine Verhaltenheit ist nicht Ausdruck eines natürlichen, freien Abstandes, sondern abweisender Krampf. Insgesamt wirkt er nicht mehr als eine vom lebendigen Atem durchpulste Gestalt, sondern als eine in sich festgezogene, unbeseelte Form. Er schwingt nicht in einem lebendigen Bezug von Ich und Du. Er atmet nicht im lebendigen Rhythmus von Halten und Lassen, von Hingabe und Zurückhaltung, von Hereinlassen und Hergeben. Es fehlt das Vermögen zu der sich der Welt zuneigenden und sich ihr zugleich öffnenden oder mit ihr verbindenden Gebärde.

Das entgegengesetzte Bild zeigt die Erscheinung, der jegliche Verhaltenheit fehlt. Die Gebärden solcher Menschen bekunden eine haltlose Preisgegebenheit an die Welt, in die sie hemmungslos hineingehen oder die sie gleichsam zu verschlucken droht. Nichts hält die Gestalt zusammen. Es fehlt die Kraft zum Abstand und Widerstand. Der Mensch verströmt sich ins Umfeld, ja, erweckt bisweilen den Eindruck bevorstehender Auflösung. Menschen dieser Art bewegen sich, als hätten sie keine Knochen im Leibe, als hielte sie nichts bei sich selbst. Sie sind meist auch taktlos, es fehlt ihnen an Distanz.

Hier wie dort fehlt die rechte Mitte. Es fehlt der Schwerpunkt, dessen Vorhandensein sowohl die rechte Eigenständigkeit als auch die rechte Verbundenheit mit sich selbst und mit der Welt ermöglicht. Die dem Menschen eigentlich zugedachte Beziehung zur Welt verwirklicht sich nur im schöpferisch-ausgeglichenen Spannungsverhältnis der Pole. Selbst und Welt müssen je für sich stehen können und doch aufeinander bezogen und miteinander verbunden sein. Sie müssen sich trennen können, um sich wieder zu finden und einswerden zu können, um sich im Einswerden neu zu gewinnen. Das rechte Verhältnis, das heißt das rechte Sich-Verhalten des Menschen zur Welt liegt erst dort vor, wo die ihn wahrende Gebärde der Hinneigung, Verbundenheit und Aufgeschlossenheit nicht Preisgabe bedeutet. In seinem Verhältnis zur Welt erscheint der Mensch also dann „in seiner Mitte", wenn seine Verfassung unstörbar das ewige Aus und Ein des Atems zuläßt, darin er sich in die Welt hineingibt, ohne sich zu verlieren, bei ihr verweilt, ohne verschlungen zu werden, sich zurücknimmt, ohne sich zu trennen und bei sich selbst bleibt, ohne sich zu verhärten.

3. Das rechte Verhältnis des Menschen zu sich selbst wird verfehlt, wo im Wechselspiel von innerem Leben und gewordener Form ein Mißverhältnis sichtbar wird, sei es als überwiegendes Hervorquellen des von innen hervordrängenden Lebens oder aber in Gestalt einer sich diesem inneren Leben gegenüber allzusehr wahrenden und versteifenden Form.

Es gibt Menschen, deren Erscheinungsbild immer den Eindruck macht, als fließe oder schwappe das innere Leben gleichsam über in einem Ausmaß, das jede Form aufzuheben droht. Solche Menschen wirken gefühlig, formlos, ohne innere Richtung oder Ordnung. Die Gebärden sind ohne Maß, unrhythmisch, entgrenzt und unkoordiniert.

Im entgegengesetzten Fall fehlt der zügige Fluß der lebendigen Bewegung. Die Ausdrucksgebärden sind gehemmt und stokkend, und in der Ruhe wirkt die Gestalt wie in sich selber verzogen. Man fühlt den Kern nicht, der das Ganze bewegt und beseelt, organisch zusammenhält und lebendig aus ihm hervorstrahlt. Das Ganze ist nur für den Augenblick willensmäßig zusammengerafft und immer in der Gefahr, plötzlich gesprengt zu werden oder auseinanderzufallen. An die Stelle des Krampfes tritt dann eine Auflösung.

Zusammengefaßt: Das innewohnende Leben kann stärker sein als die Schale, oder aber die Schale unterdrückt das innere Leben.

Das „innere Leben" kann zweierlei bedeuten: die natürlichen Energien ursprünglicher Kräfte oder auch das ins Unbewußte verdrängte, nicht gelebte Leben, der Schatten. Die Schale wirkt dann wie ein Panzer, in dem es erstickt. In beiden Fällen fehlt die zugleich zentrierende und entfaltende Mitte, in der der Widerspruch zwischen der jeweils gewordenen Form und dem inneren Leben immer wieder aufgehoben wird. Ist die Mitte vorhanden, dann mutet uns das Erscheinungsbild an als ein unverstellter Ausdruck inneren Lebens, und es wirkt immer harmonisch-bewegt. Form und Leben sind dann nicht gegeneinander, sondern füreinander da. Die Form wirkt weder gemacht noch zu lässig, weder aufgelöst noch starr, sondern in der Weise, wie sie sich wahrt und dabei doch stetig verwandelt, schlechthin lebendig. Von Augenblick zu Augenblick erfüllt sich das innere Leben in einer ihm gemäßen Form, und umgekehrt erneuert sich in steter Verwandlung die Form aus dem in ihr sich darleibenden Leben. In jedem Augenblick ist die Erscheinung Ausdruck eines schöpferisch neu formenden und das Gewordene immer wieder einlösenden Lebens. Alle Glieder scheinen von einem unzerstörbaren Zentrum her zugleich harmonisch bewegt und beseelt und geladen mit lebendiger Kraft. Das Ganze: gelöste Form – geformte Gelöstheit.

So, wie das Verfehlen der rechten Mitte immer eine Störung des lebendigen Ganzen bedeutet, so auch bedeutet die rechte Mitte offenbar nichts anderes als eine Verfassung, in der das Ganze sich im Spannungsverhältnis der Pole lebendig bewahrt! Wo die Mitte fehlt, fällt der Mensch von einem Extrem ins andere. Das „Verstiegene" sackt früher oder später zusammen, den in sich Zusammengefallenen reißt es dann und wann übertrieben nach oben. Der Welt gegenüber wechselt der Mensch ohne Mitte zwischen abweisendem Abstand und haltloser Hingabe, und der im Mißverhältnis zu sich selbst Stehende pendelt zwischen Selbstauflösung und Krampf.

Die leibliche Gestalt ist Ausdruck einer gesamtmenschlichen Verfassung. So ist auch der die Mitte anzeigende Schwerpunkt, mag man auch in der Lage sein, ihn in einer bestimmten Stelle des Leibes zu lokalisieren, doch immer eine Bestimmtheit der Gesamtverfassung der Person, die sich in Leib *und* Seele manifestiert. Der sich im leiblichen wie im seelisch-geistigen Verhalten bekundende rechte Schwerpunkt ist also Ausdruck eines Dritten. Und was ist dieses Dritte? Eben der *ganze* Mensch, der sich als „Person im Werden" in zugleich wesensgemäßer und weltgerechter Verfassung, das bedeutet auch nie endender Verwandlung, befindet.

Spricht man vom ganzen Menschen, so versteht man darunter in natürlicher Sicht etwas anderes als in initiatischer.

Der Bezug des Menschen zum Oben und Unten, zur Welt und zu sich selbst stellt sich im Hinblick auf den natürlichen Menschen, der sich im rechten Bestehen und Dienen in der Welt erfüllt, anders dar als im Hinblick auf den initiatischen Menschen, dessen gesamtes Leben vom verpflichtenden Bezug zur immanenten Transzendenz bestimmt ist und inmitten seines endlichen Daseins von seinem unendlichen Ursprung zeugt.

Der Bezug zu Himmel und Erde erscheint in der allein dem Menschen verliehenen aufrechten Gestalt. In ihr erscheint symbolisch das Verhältnis von Geist und Materie. Dieses aber bedeutet etwas anderes für den natürlichen als für den initiatischen Menschen. Für jenen meint das „Oben" und das nach oben Gerichtet- und Gehaltensein Vorherrschaft und Sieg des wachen, rationalen, an Werten orientierten Geistes über das „dunkle" Reich der Triebe. Im Hinblick auf den initiatischen Menschen bedeutet die Aufrechte die die Erde vergeistigende Kraft. Sie erscheint als eine den Leib durchdringende, vom überweltlichen Wesen zeugende und von ihm ausgehende Leichtigkeit, Schwingung und Strahlung, der gegenüber der ganze Leib im Raum des nur natürlichen Menschen eine gewisse Schwere, Undurchlässigkeit und einen gewissen Mangel an Strahlung auch dann nicht überwindet, wenn er sich im Rahmen seines Horizontes „geistig" bewahrt, glücklich fühlt und erfüllt. Der initiatische Mensch oder richtiger gesagt, der Mensch, wenn und insofern er im initiatischen Bezug da ist, hat ein Fluidum, eine Aura, und vermittelt die Präsenz eines geheimnisvollen Dritten, die keineswegs schon mit der im weltlichen Sinn vollendeten Persönlichkeit gegeben ist. Umgekehrt ist es keinem Menschen, auch dem überwiegend auf den initiatischen Weg eingemündeten, gegeben, sich dauernd in dieser Präsenz zu halten. Fällt er aber aus ihr heraus, dann verliert er sofort die ihm sonst eigene Strahlung, die die Präsenz des Höheren, des „Oberen", des Himmels, bekundet.

Im Verhältnis des Menschen zur Welt betrifft der rechte Kontakt zur Mitwelt wie zu den Dingen für den natürlichen Menschen nicht das gleiche wie für den initiatischen Menschen. Für jenen erfüllt der Kontakt die Voraussetzungen für das gesicherte Dasein, für eine sinnvolle Existenz und die Geborgenheit in seiner Gemeinschaft – entspricht also den drei Anliegen des natürlichen Welt-Ichs. Für den initiatischen Menschen aber bedeutet der Kontakt das Sich-eins-Fühlen im Wesen, dessen Präsenz letztlich unzerstörbares LEBEN, *Sinn* und *Geborgenheit* unabhängig von Sicherheit, Gerechtigkeit und Gemeinschaft im Sinne der Welt erfahren läßt.

Das Verhältnis des Menschen zu sich selbst betrifft, solange es nur in Hinsicht auf den natürlichen Menschen gesehen wird, die Beziehung zwischen dem selbst- und weltbewußten Ich und dem charakterlich und biographisch bedingten „persönlichen Unbewußten". Für den initiatischen Menschen ist dagegen das entscheidende Thema das Verhältnis des bewußten Ichs zu dem im „Kollektiven Unbewußten" wesenden archetypischen Hintergrund und zwischen dem von der Welt her bedingten Ich, dem unter den Bedingungen der Welt gewachsenen Schicksalsleib und dem unbedingten, aber unter allen Bedingungen der Welt zu seiner Form drängenden Wesen (V).

Reife und Unreife im Leib

Wo von der Manifestation des Seins in unserem Dasein die Rede ist, ist immer die Dreieinheit des Seins im Spiel. Auch in seiner pragmatischen Bedeutung spiegelt der Leib diese Dreieinheit wider: die Fülle als physische Kraft, das Gesetz als mehr oder weniger vollendetes „Gebilde" in seinem Ebenmaß und in seiner Harmonie in der Ruhe wie in der Bewegung, die Einheit in seiner Aufgeschlossenheit für physischen Kontakt. Im Zeichen dieser Manifestation der Dreieinheit des Seins steht auch alle pragmatische Körpererziehung. Im Leibe als Medium der Transzendenz erfährt jedoch der initiatisch gepolte Mensch die Dreieinheit des Seins als eine ihn numinos durchwehende, geheimnisvolle Fülle des LEBENS und als eine überweltliche Kraft selbst inmitten physischer Schwäche und äußerer Leere. Er erfährt die Gesetzlichkeit des Seins als ein lichtes Wohlsein auch mitten in physischer Krankheit als seltsam harmonisches Befinden inmitten weltlicher Disharmonien; und die Einheit des Seins in einem von der Qualität des Numinosen geladenen Gefühl leibhaftiger Zugehörigkeit zu einem kosmischen Leib, der in uns und um uns ist, ja in dem wir selbst über uns hinaus sind und atmen wie die Welle im Meer. In dem Maße, als wir transparent werden, erfahren wir uns, als der Leib, der wir sind, auch leibhaftig in der Teilhabe an einem uns beseelenden und zugleich übergreifenden Ganzen, das in unserer individuellen Weise darzuleiben unsere menschliche Bestimmung ist!

Die Durchlässigkeit im Leib, der man als Person ist, zu gewinnen bedarf eines langen Reifens. Die „Reife des Leibes" im initiatischen Sinn ist etwas anderes als die Reife im biologischen

Sinn. Die potentielle Frucht dieser Reife ist das Kind. Die Frucht der Reife im initiatischen Sinn ist die Neugeburt aus dem Wesen, die die große Durchlässigkeit voraussetzt.

Der Gereifte ist „gelassen in Form“, denn er hat sein Ich gelassen und ist in seinem Wesen zentriert. Er ist in seiner gesamten Haltung nicht von der Freundlichkeit der Welt und von der Anerkennung durch andere abhängig. Er ruht in sich, und auch als Leib, das heißt in seiner Weise, *da*zusein, ist er Ausdruck seiner von der Welt unabhängigen inneren Freiheit. Das Selbstbewußtsein des Gereiften kommt nicht aus einer gesicherten Position, sondern aus seiner Verwurzelung in einem Überweltlichen. Am deutlichsten erscheint Unreife im Leibe als Verspannung im Wechsel mit Zuständen der Aufgelöstheit. Der Gereifte ist weder verspannt noch aufgelöst, sondern wie in seiner Seele, so auch in seinem Leib gelöst und in Form. Er ist in Form und fällt nicht aus der Form. Diese Form ist aber in aller Geschlossenheit nicht verschlossen, in aller Geöffnetheit kein Preisgegebensein. Ist einer wirklich auf dem Weg, dann wird er sich schnell jeder Aufgelöstheit und auch jeder Verspannung bewußt, nicht nur, weil sie schmerzt oder sein physisches Befinden beeinträchtigt – auch nicht nur, weil sie ihm den rechten Vollzug seiner Leistung verwehrt, sondern weil er automatisch ihrer inne wird als Anzeichen einer Verstelltheit gegenüber dem, der er eigentlich ist und sein möchte. Er fühlt sich blockiert für den Kontakt mit seinem Wesen. Und nicht weniger als jede Verspannung, Verhärtung und Verkrustung wird er jede Aufgelöstheit als „unrecht“ empfinden – nicht nur, weil er sich in ihr nicht wohlfühlt und dann auch keine rechte Welt- und Werkhaltung möglich ist, sondern weil sie ihm die Form verwehrt, die dem Wesen gemäß ist. Das sichtbare Zeichen für das Gelingen einer geistlichen Übung ist, daß man sich „danach“ auch im Leibe mehr man-selbst fühlt, das heißt mehr „in der Kraft“, besser „in Form“ und „im Kontakt“, dies alles ganz unabhängig von allen augenblicklichen Bedingungen der Welt. Eine geistliche Übung, die das nicht gibt, hätte keine den ganzen Menschen verwandelnde Kraft (VI).

Hara

Der Leib als Ausdrucksmedium der Person spricht zu uns in der *Haltung* (die durch den Schwerpunkt bestimmt ist), im *Atem* und im Verhältnis von *Spannung und Entspanntheit.* Alle drei Begriffe bedeuten, personal verstanden, nichts Körperliches, sondern Ausdrucksmedien personaler Möglichkeiten rechten, das heißt wesensgemäßen Daseins und Werdens oder deren Verhinderung.

Wo der Leib verstanden wird als eine Einheit von Gebärden, in denen der Mensch in der Welt da ist, und zugleich als Medium einer personalen Selbstverwirklichung, die in Wahrheit nur von einer transzendenten Wurzel her möglich ist, bedeuten seine Gestörtheiten nie nur physische Störungen, sondern Spiegelungen einer wesenswidrigen Unordnung und Fehleinstellung des ganzen Menschen. Die Arbeit über den Leib, die zum initiatischen Weg, wie schon zur personalen Therapie gehört, ist etwas anderes als die ärztliche Körperbehandlung.

In den *Fehlformen des Leibes*, insbesondere in Auflösung und Verspannung, erscheinen *Fehlhaltungen der Person.* So beispielsweise bedeutet Verspannung: Ehrgeiz und Eitelkeit in einer sich aufblasenden Weise oder Mißtrauen und Angst in einer sich absichernden Gebärde; plötzliche Aufgelöstheit nicht nur physische Erschöpfung, sondern z.B. Entmutigung und schwindendes Selbstvertrauen.

Nehmen wir als Beispiel eine Verkrampfung der Schultermuskulatur. Sie kann niemals richtig verstanden werden, wenn man in ihr nur eine körperliche Verspannung sieht, der man mit Massage, rein technisch durchführbaren Entspannungsübungen oder notfalls mit einer Injektion zu begegnen vermag, denn sie ist immer mitbedingt, wenn nicht ausschließlich verursacht durch eine innere Fehlhaltung. In einer personalen Sicht bedeutet also das gleiche Phänomen etwas anderes. In der hochgezogenen Schulter erscheint eine Vorherrschaft des sicherungsbedürftigen kleinen Ichs und ein auf einem Mangel an Selbstbewußtsein beruhendes Mißtrauen gegenüber der Welt und dem Leben.

Es zeigt sich, daß im Grunde alle Fehlhaltungen und die in ihnen bedingten Störungen im Leib Anzeichen sind für ein Ich, durch das der Mensch aus der Ganzheit des Lebens herausgedrängt wird, insbesondere aber seiner Wesenswurzeln verlustig geht.

Der in seinem Ich eingeschlossene Mensch hat ein eingefleischtes Mißtrauen gegen den nächsten Augenblick. Er befindet sich immerzu in einer gewissen Sorge und Alarmbereitschaft. Er kann nichts ruhig auf sich zukommen lassen und ist auch unbewußt immer der Meinung, daß er im gegebenen Augenblick, z. B. einer Prüfung, auch das noch einmal „machen" muß, was er doch im Grunde schon kann und das ihm auch reibungslos zur Verfügung stünde, wenn er es im entscheidenden Augenblick nur einfach zuzulassen vermöchte. Da er dies aber aus mangelndem Selbstvertrauen nicht kann, wenn es darauf ankommt, versagt er, weil er es wieder „macht".

Die personale Behandlung dieser Fehlhaltung läuft über das Einsehenlassen und das Erfahrenlassen derjenigen Haltung, die Sicherheit und Vertrauen ausdrückt und erzeugt. Anstelle des Verspanntseins nach oben muß die Verankerung nach unten, das heißt im *Beckenraum,* treten, wobei der Beckenraum wiederum nicht von außen als ein Körperteil angesehen werden darf. Er muß vielmehr verstanden werden als ausschlaggebendes Verwirklichungsmedium der Weise, in der man als ganzer Mensch in der Welt „da" ist, richtig oder falsch, offen oder abgeschnürt. So verstanden, ist er ein Zentrum, dessen rechte Ausbildung dann am Ende gelassene Sicherheit kraft eines auch erlebbaren Angeschlossenseins an eine umfassendere Kraft bedeuten kann. Hierin erfüllt er dann über eine pragmatische Nützlichkeit hinaus auch seinen initiatischen Sinn.

So wie der Mensch als Person nicht verstanden werden kann,

es sei denn im Hinblick auf seine transzendente Bestimmung, so ist die *personal* richtige Weise, den Leib, der man ist, zu sehen und zu üben, nur die, in der es im Hinblick auf seine Bedeutung als Medium gesamtmenschlichen Reifens zur Transparenz für Transzendenz geschieht. Der Mensch ist nur dann richtig da, wenn er auch als Leib vom Wesen her und zum Wesen hin da ist, also offen für die leibhaftige Manifestation seines Wesens.

Übung des Leibes zur Transparenz meint Abbau von allem, was ihr im Wege steht, und Förderung von allem, was sie ermöglicht. Der Wesensbezeugung im Wege stehen alle Erscheinungsformen des in seinen Positionen sich wahrenden und absichernden Ichs. Zeichen dafür sind Verspannung und ihr Gegenspiel, die Auflösung. Beides ist von der rechten Weise, im Leibe dazusein, gleich weit entfernt. Jede Persona-Haltung, jede Fassade, die das Eigentliche versteckt, jeder falsche Ton in der Stimme, jede Unsicherheit im Auge, Künstlichkeit oder Nachlässigkeit in der Haltung, können und müssen als Symptome mangelnder Verankerung im Wesen, also personalen Unheilseins bewußt und ihre Beseitigung ins exercitium ad integrum genommen werden.

Die rechte Haltung des Menschen ist immer bestimmt durch den „rechten Schwerpunkt“. Zu den eingefleischten Fehlhaltungen so vieler Menschen gehört die Verlagerung des Schwerpunktes zu weit nach oben, so dort, wo das „Brust heraus – Bauch herein“ herrscht. Solche Fehlhaltungen sind Ausdruck des Menschen, der sich voll mit seinem kleinen Ich identifiziert und daher vor allem immer seine Position halten und sichern will. Wo diese Fehlhaltung eingefleischt ist, blockiert sie die lösende, erneuernde und erhaltende Kraft aus der Tiefe. Die Gegenform zu dieser Haltung, häufig mit ihr im Wechsel zu sehen, ist das Zusammenfallen oder Zusammensacken des Menschen. Hier ist das zu einer bestimmten Form bestimmte Inbild des aufrechten Menschen vertan. In solcher Aufgelöstheit bekundet sich, wenn es nicht einfach physische Erschöpfung ist, ein Mangel an Gefühl und Verantwortung für die rechte Form, ohne die das Wesen nicht in Erscheinung treten kann. Auf dem Wege zur rechten Form befindet sich der Mensch erst, wenn er lernt, seine Leibesmitte, seinen Bauch, in der rechten Weise wahr-zunehmen. Gewiß hat es für den westlichen Menschen zunächst etwas Überraschendes und Befremdendes, wenn er vernimmt, daß die zuallererst zu verwirklichende und zu bewahrende Mitte des zur Transzendenz hin sich ordnenden Leibes der Bauch ist, genauer der Unterbauch und das Becken.

Die Bedeutung des Bauches, wie sie uns immer wieder in der romanischen und frühgotischen Darstellung des Menschen begegnet, aber auch in der Christusdarstellung, wo er als Herr der Welt dargestellt wird, ist im Osten, besonders in Japan, seit langem bewußt und in die Übung zur Reife, das heißt zur Integration mit der Transzendenz zur Geltung gebracht. Im japanischen Raum finden wir das in der Lehre und Praxis von „*Hara*".

Wörtlich bedeutet Hara „Bauch", im übertragenen Sinn aber jene Gesamtverfassung des Menschen, in der er immer freier wird vom Bann des kleinen Ichs und sich gelöst und gelassen in einer Wirklichkeit zu verankern vermag, die ihn befähigt, von woanders her das Leben zu fühlen, die Welt zu meistern und ohne Rest dem zu dienen, was seine Aufgabe in der Welt ist. Er kann ohne Angst kämpfen, sterben, gestalten und lieben.

Wo der Mensch es vermag, sich im „Hara" niederzulassen und zu verankern, erfährt er ihn als einen Raum ihm verbundener Lebensmächte, mit denen der Mensch es vermag, hart gewordene Ichformen zu durchschauen, aufzunehmen, einzuschmelzen und zu neuen Formen zu verwandeln. Kraft dieser Fähigkeit zur Verwandlung und Erneuerung vermag er auch die Welt anders zu nehmen. Es wirft ihn nichts um, es stößt ihn nichts aus seinem schwingenden Gleichgewicht. Der Kopf bleibt kühl, der ganze Leib ist gelöst-gespannt, und der Mensch atmet im Rhythmus des Sich-Öffnens und Schließens, Sich-Gebens und Wiederfindens den Atem der Mitte. Er kann auch im „Sturm der Welt" gelassen bleiben. Im „Hara" ruht der Mensch im Quellraum nie endender Verwandlung und eben damit im Wurzelraum seines personalen Seins und Werdens. Der Hara-no-hito, der „Mensch mit Bauch", bedeutet den gereiften Menschen, den also, der die Voraussetzung zur Integration von Welt-Ich und Wesen gewonnen hat. Nur der Mensch, der sich aus dem Ich-Raum in den „Hara"-Raum, in die Erdmitte, niederzulassen und hier zu verankern vermochte, kann am Ende dann in seine personale Mitte gelangen (V).

Das Suchen und Üben von Hara, das heißt jener basalen Mitte, die uns zugleich löst, trägt und „aufrecht" sein läßt, ist die Grundübung für alles rechte, das heißt wesensgemäße, „Dasein in der Welt". Es ist die Übung, darin das Ganze an Bauch, Bekken und Kreuz zum zuverlässigen Wurzelraum der rechten Haltung wird. Die Übung zur gelösten und zugleich gefestigten Mitte macht alles Gehen, Stehen und Sitzen zur Bezeugung wesensgemäßen Daseins. Für diese Übung ist wirklich der ganze Alltag das Feld, denn wenn wir, wo auch immer, im Gehen, Stehen oder Sitzen, Hara vergessen, ist es um unsere personale Präsenz schlecht bestellt. Wer sich oben im Ich-Raum verfestigt, bleibt dem Wesen verschlossen; wer sich nach unten hin auflöst, entbehrt, auch wo es ihn anrührt, der es aufnehmenden Form.

Es gibt kein Tun, das unsere gezielte Aufmerksamkeit erfordert und unseren Willen beansprucht, das nicht das Halten der Erdmitte, das Da-Sein im Hara, gefährdet. Wo immer wir zielbezogen „bestrebt" sind, also vom Welt-Ich her aufmerksam etwas fixieren, geraten wir leicht aus unserer Mitte. Jegliche „Arbeit" und jegliches zielbezogene Handeln verleitet uns, wenn wir nicht im Hara geübt sind, den Schwerpunkt nach oben hin zu verlagern, das heißt alles mit unserem Ich zu machen. Und eben darum ist *jedes* Tun Gelegenheit, sich in der rechten Haltung zu üben. Jeder Augenblick gibt uns Gelegenheit, die Verfassung zu festigen und zu bewähren, die uns von der Vorherrschaft des schmerzscheuen, sicherungs- und geltungsbedürftigen Ichs frei macht und vom Wesen her da sein läßt. Und in dem Maße, als uns dies gelingt, geht uns auch jede Arbeit leichter von der Hand. Was wir können, steht uns zur Verfügung, das Werk gelingt, und im Umgang mit Menschen sind wir gelassen, unbefangen und frei.

Fragt man nach der kürzesten Definition von Hara, so lautet sie: Hara ist die Gesamtverfassung des Menschen als Leib, die das *ausschaltet,* was ihm im Weg steht! Ihm sowohl, wo er sich als Persönlichkeit in der Welt, wie dort, wo er sich als Person im Werden auf dem initiatischen Weg bewähren soll; denn hier wie dort steht ihm sein kleines Ich im Wege. Hara schaltet die eingefleischte Dominanz des kleinen Ichs aus! Dann steht ihm in der Welt im entscheidenden Augenblick zur Verfügung, was er hat, kann und weiß – im Fall der Krankheit z. B. sind die heilenden Kräfte der Natur nicht durch die Angst des Ichs verstellt, und auf dem inneren Weg ist der Mensch, der die eingefleischten Tendenzen des Ichs im Hara einzuschmelzen vermag, frei für die Bezeugung des Seins auch im Leibe.

Spricht man von Hara als der rechten „Mitte", so ist damit doch immer nur die Erd-Mitte gemeint. Die Mitte des Menschen ist und bleibt das „Herz". In ihm findet der Mensch sich – vorausgesetzt, daß er sich im Hara von seiner Zentrierung im Ich hat befreien können – als das Kind Himmels und der Erde, das heißt als Frucht einer Reife, die sich in der Einswerdung von Erde (Eros-Kosmos) und Himmel(Logos) erfüllt.

So wie die Zentrierung im Welt-Ich den Menschen im Bedingten festhält und nur das Freiwerden von der Herrschaft des Ichs das Tor zum Wesen, das heißt zum Unbedingten, öffnet, so auch öffnet die Gelassenheit im Hara das Tor zum Einstrom, zum Innewerden einer universalen Kraft, an der der Mensch vom Wesen her teil hat, von der er aber in der Regel abgeschnürt ist. Der Japaner nennt diese im Hara sich erstellende Kraft „Ki", die Universalkraft, an der wir teilhaben, die wir lernen müssen, zuzulassen im Unterschied zur Willenskraft, die wir „machen". Wo wir die Ki-Kraft zuzulassen vermögen, sind wir mühelos zu vielerlei Leistungen fähig, die wir ohne sie nicht vermögen.

Die Grundübung

Wie die rechte Haltung, die ihren Schwerpunkt im Hara hat, herzustellen ist, wird am einfachsten an einem ganz schlichten Experiment zur Erfahrung gebracht. Wer sich in seiner gewöhnlichen Haltung breitbeinig hinstellt, wird, wenn er plötzlich einen Stoß in den Rücken bekommt, unfehlbar vornüber fallen. Steht er mit Hara, erfährt er eine erstaunliche Standfestigkeit. Er ist auch mit einem starken Stoß nicht umzuwerfen. Das hängt damit zusammen, daß der Mensch hier im rechten Schwerpunkt steht. Der Mensch, der fest im Hara steht, kann auch nicht emporgehoben werden.

Die Übung zum rechten Schwerpunkt wird, wie die Erfahrung lehrt, am besten in folgenden Schritten vollzogen: Der Übende stellt sich zunächst einmal breitbeinig, kräftig, breit und gerade hin, die Arme lose herunterhängend, den Blick ins Unendliche, so wie er meint, daß er eigentlich „gemeint" ist: aufrecht und frei und ein Bringer des Lichtes.

Es ist wesentlich, daß der Übende, so gut er es eben kann, immer wieder von dieser ganz natürlichen, fest in sich ruhenden und zugleich auf die Welt bezogenen Grundhaltung ausgeht – und nicht gleich an den Bauch, das Kreuz usw. denkt. Erst aus seiner vermeintlich guten Gesamthaltung heraus soll er die Partien des Leibes einzeln angehen, und zwar nicht von außen, sondern von innen.

Beim Üben des Leibes auf dem inneren Weg ist immer das Erspüren des „Innenleibes" von ausschlaggebender Bedeutung. Das erfordert die Ausbildung und Verfeinerung eines spezifischen Innenorgans der Wahrnehmung. Dazu ist es zweckmäßig, anfänglich die Augen zu schließen und still „unter die Haut" in sich hinein zu fühlen ... Dann langsam von oben nach unten und von unten nach oben gehend, alle Spannungen erfühlen und loslassen, insbesondere auch der Atmung nachlauschen – wie sie so geht und kommt, geht und kommt. So beginnt man langsam vom Innenleib Kenntnis zu nehmen.

Nun läßt man sich, ohne die Haltung zu ändern, ohne zusammenzufallen, etwas in den Ausatem herunter gleiten. Dieser wird dabei unwillkürlich im Vergleich zum Einatem länger. Man läßt sich damit Zeit und wiederholt diese Bewegung, und dann erst kommt die erste, zur rechten Haltung hinführende Bewegung: das *Loslassen.* Zu Beginn der Ausatmung läßt man sich in den Schultern los. Man läßt also nicht die Schultern los, geschweige, daß man sie herunterdrückt, sondern läßt *sich* in ihnen los. Dieser ersten Bewegung folgt dann die zweite: das *Sich-Niederlassen,* das heißt, man läßt sich am Ende der Ausatmung im Becken nieder. Dieses sich oben Los- und im Becken Niederlassen sind zwei Seiten einer Bewegung von oben nach unten, die aber keineswegs selbstverständlich ineinander übergehen! Man kann zur Probe einmal die Schultern hochziehen, den Bauch dabei etwas einziehen – und dann oben loslassen und feststellen, daß damit unten noch gar nichts geschehen ist. Mit dem Sich-Niederlassen im Becken kommt also etwas hinzu. Oft ist ein Übender schnell fähig, sich oben mehr oder weniger loszulassen, aber noch lange nicht in der Lage, sich vertrauensvoll und ohne im Brustraum zusammenzuknicken, im Becken niederzulassen. Hier kommt oft eine gewisse Angst vor dem „Untergrund" zum Vorschein, und die eingefleischte Gewohnheit, sich oben im Ich-Raum sichernd festzuhalten, wird offenbar. Natürlich muß am Ende dann die Bewegung aus der Schulterspannung heraus in das tragende Becken hinein eine einzige Bewegung sein. Aber je mehr der Übende spürt, worum es dabei geht, um so mehr und um so schneller wird er fortan feststellen, wie sehr er, kaum, daß er an etwas denkt, immer wieder den Bauch einzieht und in die Schulterspannung geht, sich oben festhält und weit davon entfernt ist, sich vertrauensvoll im Becken nieder und vom Becken her tragen zu lassen. Und daran kann ihm bewußt werden, wie sehr er oben im Ich-Raum festsitzt. Nun aber kommt die für die technische Seite der Hara-Übung wichtige dritte Bewegung: das rechte Herauslassen des Unterleibes! In der Übung muß man dies anfänglich am Ende der Ausatmung geschehen lassen. Hier stößt man auf ein altes, in unseren Tagen bei manchen durch die Yoga-Atmung entstandenes Mißverständnis: daß der Bauch beim Einatmen voller wird und beim Ausatmen sich einzieht! Man muß aber unterscheiden: 1. zwischen der natürlichen und der künstlichen Yoga-Vollatmung und 2. zwischen Magen und Unterbauch. Gewiß, die Magengrube sinkt beim Ausatmen ein und tritt beim Einatmen etwas hervor, auch die Flanken nehmen beim Einatmen durch das sich Weiten des Zwerchfells zu und beim Ausatmen ab (vorausgesetzt, daß das Zwerchfell richtig arbeitet). Bei der vollen Ausatmung aber tritt (wie der Sänger weiß, der nicht durch eine falsche Stütztechnik anders erzogen wurde) der Unterbauch hervor. Und in dieser Bewegung, bei der so wie der Unterbauch, auch das Kreuz zunimmt, gewinnt Hara erst eigentlich die ihm „körperlich" zugedachte, den ganzen Rumpf festigende Form. Der Übende fängt an, sich mehr und mehr wie eine Birne zu fühlen oder wie eine Pyramide, oder wie getragen von einem breiten, festen Sockel, oder wie fest verankert in einem mächtigen Wurzelstock, der mit jeder Atmung seine Wurzeln tiefer und breiter in die Erde versenkt, während der Stamm immer mächtiger und freier aus ihm hervorwächst. Dazu ist freilich erforderlich, daß der Bauch nicht einfach herausfällt. Falsch ist es auch, daß der Übende ihn aufbläht oder heraustreibt. Richtig ist, daß er in den gelöst und frei zugelassenen Unterleib *etwas* Kraft hineingibt. Auf das Sich-Spüren in dieser Kraft im Wurzelraum kommt es an, gelassenbreit ruhend im Unterleib, die Lendenkraft fühlend im Kreuz, im ganzen Rumpf. Man kann das Herstellen und Spüren dieser Kraft als Anfänger noch dadurch steigern, daß man einmal langsam und tief die Faust unterhalb des Nabels in den Bauch drückt, dann mit losen Schultern und ohne den Rest des Körpers im geringsten zu bewegen, nur mit der Bauchmuskulatur den Bauch wieder nach vorn schnellen läßt, also den „Eindringling Faust" mit einem Stoß herauswirft. Läßt man dann den Unterleib so stehen, so daß man nun kräftig auf ihm herumtrommeln kann, ohne daß dies unangenehm ist – dann steht man *fest* und kann nicht geworfen werden. Nun gilt es, den so gewonnenen rechten Schwerpunkt zu halten. Doch in dieser Haltung ist noch ein Fehler: Die Magengrube ist mit gespannt. Darum soll man, während der Unterbauch leicht gespannt bleibt, die Magengrube nun wieder weich werden lassen. Dann erst fühlt man sich in der rechten Weise im ganzen gelöst und kräftig *da*, im rechten Schwerpunkt „da unten geerdet" und nach oben ganz frei. Und alsbald wird der Sinn der rechten Erdung deutlich: das wurzelgerechte Wachstum nach oben. Die rechte Bindung an die Erde erweist sich als Voraussetzung einer legitimen Strebung zum „Himmel". „Du kannst den Himmel nicht finden, wenn du die Erde verrätst."

Die Fehler, die bei der Grundübung zum Hara vom Anfänger gemacht werden, sind also folgende: Man läßt nicht *sich* in den Schultern, sondern die Schultern fallen; man läßt nicht sich los, sondern drückt die Schultern herab. Man läßt sich nur in den Schultern los, aber nicht im Becken nieder. Man läßt den Unterbauch nicht lose hervorgleiten, sondern treibt den Bauch heraus. Man läßt die Magengegend gespannt, statt sie einfallen zu lassen.

Aus dem *Stand* im Hara geht man zum Gehen im Hara über. Behält man den Schwerpunkt im Hara, gewinnt und bewahrt der Gang seine natürliche Grazie; die Beine, von der Mitte her bewegt, ermüden nicht, und man kommt nie außer Atem.

Beim *Sitzen* sorgt man unwillkürlich dafür, daß die Knie tiefer sind als das Becken, auf daß der Bauch sich entfalten kann, und man bedarf der Lehne nicht. Aber auch angelehnt kann man die Kraft im Beckenraum bewahren und im Hara bleiben (V).

Spannung – Entspannung

Spannung – Entspannung, Gespanntheit und Gelöstheit sind zwei Seiten jedes lebendigen Ganzen. Der Mensch unserer Zeit aber pendelt meist hin und her zwischen den sich ausschließenden Zuständen „Verspannung – Auflösung", das heißt er ist vom Ich besessen, dessen wesenswidrige Seite sich in den beiden das Leben gefährdenden Widersachergebärden kundtut: Erstarrung und Auflösung. Auch wo er von Entspannung redet, sucht er in Wahrheit oft nichts als die entgrenzende Auflösung – nur um sich alsbald wieder in einer Verspannung zu fangen. Was wir lernen und immer wieder üben müssen, ist eine Gelöstheit, die nicht auflöst, sondern im Gegenteil wesensgemäße Spannung und neue Formwerdung auslöst.

Der Sinn jeder rechten Entspannung ist nicht eine wohlige Aufhebung jeglicher Spannung, sondern eine Umspannung zur rechten Spannung hin. Dieses Entspannen bedeutet aber ebensowenig wie die Übung der Erd-Mitte einen nur körperlich zu verstehenden Trick, sondern meint immer eine personale Gebärde. Wir müssen lernen, *uns* – nicht unseren „Körper" – in der rechten Weise zu lösen. Dies bedeutet mehr als nur eine Entspannung der Muskulatur. Die Schultern fallen zu lassen oder aber „sich in den Schultern loszulassen" ist grundsätzlich zweierlei. Jenes ist eine reine Körperbewegung, deren Erfolg rein äußerlich ist und ohne bleibende Wirkung, dieses aber ist eine Umstellung der Gesamthaltung der Person. Jede Verspannung ist Ausdruck einer Befangenheit im weltabhängigen Ich. So geht es darum, daß wir lernen, uns als das verspannte Welt-Ich loszulassen, und dies nicht nur dann, wenn wir ausgesprochen verspannt sind oder erschreckt, oder ärgerlich „hochgehen", oder uns abwehrend oben festhalten, sondern *immer*. Dies ist eine den Menschen als Leib angehende Übung, die ihm, sucht er die Transparenz, nicht nur dann und wann, sondern immer auferlegt ist und selbstverständlich in jeder geistlichen Übung, die Verwandlung meint, mit enthalten sein muß. Denn wo immer es darum geht, das kleine Ich loszuwerden, muß man sich von der Leib-Form befreien, die seine Dominanz anzeigt bzw. immer wieder herstellt und oft genug fest eingefleischt ist.

Das Loslassen desjenigen Ichs, das sich ängstlich, schmerzscheu und in der Verspanntheit festhält und wiederum in ihr festgehalten wird, führt eine leibhaftige Veränderung des ganzen Menschen herbei. Die Fehlspannung wird uns erst vielleicht nur als körperliche Verspannung bewußt. Wir müssen ihrer aber als personaler Fehlhaltung gewahr werden und lernen, uns selber in unserer Gesamthaltung loszulassen. Nur dann werden wir allmählich *gelassen*. Den Halt, den die oben, im Ichraum zentrierte Spannung verleiht, kann man aber, ohne auseinanderzufallen, nur fahrenlassen, wenn man sich woanders, das heißt unten, im Beckenraum niederzulassen und zu verankern gelernt hat, das heißt, Hara gewinnt.

Das Sich-Loslassen, das heißt Freimachen vom Ich-Bann, muß von Anfang an nicht nur in den Schultern gespürt und geübt werden, sondern auch im Nacken und im oberen Teil der Wirbelsäule. Es ist, als trügen wir dort und auf den Schulterblättern immer einen Schild, der uns gegen eine Gefahr schützt, die von hinten kommen könnte. Kein Wunder, daß besonders der Anfänger eine leichte Angst verspürt und Mut braucht, wenn er beginnt, das Loslassen der oberen Wirbelsäule zu üben. Und dazu kommt, nicht weniger wichtig, das Freigeben der Taille. Der bodenlos lebende, sich nur oben festhaltende Mensch schnürt sich gegen den Beckenraum ab. Oft bedeutet das verdrängte Sexualität – in jedem Fall aber eine Getrenntheit von den kosmischen Kräften, zu denen hin das Becken die Verbindung bedeutet. Das in aller Gefestigtheit im Hara frei schwingende, geöffnete Becken ist eine Grundvoraussetzung aller Gesundheit und alles geistigen Heilseins (V).

Vom Atem

So wie die Übung der rechten Spannung, so auch wird die Übung des Atems in ihrem eigentlich menschlichen Sinn verfehlt, wenn man sie ausschließlich als eine körperliche Übung betrachtet, die der Gesundheit oder der Steigerung der Leistungskraft dient. Es ist ein trauriges Zeichen, wenn man unter dem Atem nichts anderes mehr versteht als ein Einziehen und Ausblasen von Luft. Wir müssen im Atem den Odem des Großen LEBENS wahrnehmen, der alles Lebendige durchwaltet und so auch den Menschen als ganzen Menschen bewegt, ihn als Seele, Geist und Leib lebendig erhält.

Der Atem ist die Bewegung, darin der Mensch sich öffnet und wieder schließt, sich hingibt und wieder zurückempfängt, sich läßt und wieder findet, das heißt ohne Unterlaß lebendig verwandelt. Wenn der Atem nicht in Ordnung ist, ist der ganze Mensch nicht in Ordnung, nicht nur sein Leib. Jede Störung des Atems zeigt eine Gestörtheit des ganzen Menschen auf dem Weg zu sich selbst an. Schlechter Atem beeinträchtigt nicht nur die Leistungskraft, sondern ist zugleich Ursache und Ausdruck dafür, daß der Mensch, weil die Grund-Verwandlungsbewegung stockt, nicht ganz er selbst sein kann. Hier liegt die initiatische Bedeutung des Atems und seiner Übung. Die Blockade, die sich im gehemmten Atem ausdrückt und eingefleischt hat, betrifft das gesamte, nicht nur das physische Werden des Menschen. So wie sich aber im falschen Atem die Verstelltheit des Wesens nicht nur ausdrückt, sondern fortschreitend verhärtet, so bedeutet die Übung des rechten Atems Freimachen des Weges zur Selbstverwirklichung.

Die verbreitetsten Fehler des Atmens sind, daß der Mensch nicht voll ausatmet und nicht aus seiner Mitte atmet, den Einatem (das heißt *sich* im Einatem) etwas überbetont oder festhält und zu weit oben, das heißt im Ichraum atmet, so daß die „unbewußte", nur im Hara gewährleistete Bewegung des Zwerchfells durch eine „Tätigkeit" der Brustmuskulatur ersetzt wird. Dann ist an die Stelle des natürlichen wesensgemäßen Atems der widernatürliche Ich-Atem getreten, den der Mensch bewußt oder unbewußt *macht*. Der Atem, der wesensgemäß ist, geschieht dagegen von selber. Wo sich dieser Fehlatem einmal eingespielt hat, steht er der Personwerdung im Wege, denn die Fehlhaltung, die hier vorliegt, betrifft nicht nur den Körper, sondern zeigt an, daß der Mensch ohne Grundvertrauen beherrscht ist vom mißtrauischen und sicherungsbedürftigen Ich.

Es gibt vielerlei Atemübungen, von Menschen erfunden und für vielerlei Zwecke von Nutzen. Über ihre Richtigkeit kann man streiten. Aber es gibt nur eine unbestreitbare Übung, das ist die Übung, zu lernen, *den* Atem, der nicht vom Menschen erfunden, sondern ihm eingeboren und wesensgemäß ist, zuzulassen! In dieser Übung geht es nur darum, den naturgegebenen Atem zu erlauschen, seine ursprüngliche Form wiederzufinden und zu erhalten, und das bedeutet vor allem: zuzulassen, was uns von selbst ohne unser Zutun als ganz natürliches Ausströmen und Einströmen im Geben und Empfangen rhythmisch bewegt.

Angesichts der durch eine Überbetontheit des Welt-Ichs vorwaltenden Fehlform, bei der wir unwillkürlich dem vollen Ausströmen Widerstand leisten und dann, weil das Zwerchfell nicht von selbst anspringt, den Atem einziehen, besteht die für die meisten förderliche Grundübung des Atems vor allem in einem Zulassen – anfänglich sogar einem Betonen – des vollen Ausatems. Dann kommt der rechte Einatem ganz von allein. Ja, so wie der Sinn der rechten Entspannung die rechte Spannung ist, so ist der Sinn und die Frucht des rechten Ausatems der ganz von selbst kommende rechte Einatem. Man muß nicht erst nehmen wollen, um geben zu können, sondern alles hergeben, um empfangen zu dürfen. Auch die Übung des Ausatems darf also nicht nur im Sinn einer Körperübung erfolgen, sondern so, daß wir uns *selbst* vertrauensvoll und ohne Reserve in den ausströmenden Atem hineingleiten lassen. Im vollen Ausströmenlassen des Atems bekundet sich das Vertrauen zum Leben. Verhalten ist der Atem bei dem, der sich selbst und dem Leben mißtraut. So also handelt es sich, wie bei der Übung der rechten Haltung und der rechten Gelöstheit, auch bei der Übung des rechten Atems allem zuvor um ein Loslassen des sich ewig festhaltenden und seine Position und seinen Besitz sichernden Ichs in einer Gebärde des Vertrauens. Nur so auch kommen wir aus unserer hochgeschraubten Verschlossenheit und Verspanntheit heraus und werden aufgeschlossen gegenüber unserem Wesen und in der Wiedereinswerdung mit ihm frei zur Gewinnung der unserem unendlichen Inbild entsprechenden endlichen Gestalt (V).

Yin – Yang

Der rechte Schwerpunkt, die rechte Spannung und der rechte Atem – sie finden zusammen ihren symbolischen Ausdruck im altöstlichen Zeichen von Yin und Yang. In ihm begreift der Ferne Osten die höchste Wirklichkeit selbst, die als Tao geahnt, geschaut, erfahren wird. Auf dieses Tao hin und von ihm her heißen die beiden Pole, in denen das Leben schwingt, Yin und Yang. Wo das westliche Denken heute beginnt, die lebendige Polarität von Yin und Yang in seine Konzeption des Menschlichen aufzunehmen, gewährt es keineswegs nur dem Kern östlicher Weisheit Einlaß, sondern öffnet sich der Fruchtbarkeit eines Grundprinzips aller gültigen Lebensbetrachtung überhaupt.

Yin und Yang, was bedeutet das? Es bedeutet das Zu- und Miteinander zweier Urprinzipien, in deren Zeichen alles Leben sich im Aufgehen und Eingehen seiner lebendigen Formung darleibt, sich ausleibt und wieder einleibt. Leben bringt die Fülle der Formen hervor und treibt eine jede hinein in die Besonderheit und Vollendung ihrer Form. Jeder Bewegung in die Form (Yang) entspricht aber eine gegenläufige (Yin) zurück in das aller Besonderung widersprechende und jede Form wieder heimnehmende All-Eine. So entspricht jedem Stoß ins Besondere ein Zug in die es aufhebende Einheit. Im Menschen erscheint diese Bewegung im Spiel und Widerspiel von Männlich und Weiblich, von Vaterwelt und Mutterwelt, von Himmel und Erde, von Zeugen und Empfangen, von schöpferischem Tun und erlösendem Nicht-Tun, von aktivem Einsatz des Willens und dem passiven Zulassen, von hellem Ich-Welt-Bewußtsein und dunkler Unbewußtheit, von gestaltungsfreudigem Welt-Ich und gottinnigem

Wesen. Aber menschliches Leben ist immer beides. Das eine ohne das andere ist nicht Yin, ist nicht Yang. Nur im Kreise und im Kreisen des Ganzen hat das Zeichen Geltung und bringt das, was es bedeutet, als Frucht. Jedes Lebewesen ist eine Erscheinungsform von Yin und Yang, so auch der lebendige Mensch. Aber wahrhaft lebendig ist er nur im Einklang mit dem großen Gesetz – das heißt im Rhythmus von Yin und Yang.

Wahrhaft lebendig schwingt der Atem nur im Zusammenspiel eines Ausatems, der im Einatem einmündet, mit einem Einatem, der im Ausatem einmündet. Wo immer die Bewegung auf der einen oder anderen Seite stockt, kommt Leben in Unordnung, wo sie stehenbleibt, hört es auf! Darum kann auch der Widersacher des Lebens begriffen werden als die Macht, die in zweierlei Weise Leben zerstört: Er bringt die Bewegung auf dem Höhepunkt der Formwerdung zum Stillstand und führt, indem er das scheinbar Vollendete punktuell verengt und feststehen läßt, zum Tod durch Erstarren – oder aber er verwehrt der Bewegung des Eingehens gewordener Form das Umschlagen in die aufsteigende Bewegung zu neuer Form, und dies bedeutet dann das Ende durch Auflösung. So tritt an die Stelle des zu allem Lebendigen gehörenden „Zugleich" von Spannung zur Form und Lösung in der sie aufhebenden und neu gebärenden Einheit der todbringende Gegensatz von Erstarrung (Verspannung) und Auflösung. Jene ist die westliche Gefahr (auch in uns), diese die östliche (auch in uns). In beiden Fällen stockt der Atem des Lebens, und das bedeutet den Tod. Und wer ist der Stellvertreter des Widersachers im Menschen? Niemand anders, als das sich in den Mittelpunkt stellende Ich, das den Menschen zwischen Verspannung und Auflösung „in Atem" hält!

Rechter Atem ist Voraussetzung für rechtes Leben. In ihm vollzieht, wächst und entfaltet sich im ewigen Kreislauf das Werden und Entwerden, das Eingehen und Wiederaufgehen, das Sich-Öffnen und Schließen, das Formwerden und Wiederaufheben der Form, das Auftauchen und Wiedereintauchen alles Lebendigen im Grunde des Seins. Diese tiefere Bedeutung des Atems ist auch der Grund dafür, daß alle auf lebendige Verwandlung zielende geistliche Übung letztlich nicht ohne Wahr-Nehmung des Atems möglich ist. Ein geistlich Übender, der an sich selbst als atmendem Leib vorbeigeht, mündet in einer leibfernen, verwandlungswidrigen, das heißt wurzellosen Geistigkeit. In der Übung des rechten Atems dagegen kann er sich selbst in der Bewegung der Verwandlung spüren und fördern.

Es unterscheidet die Zeiten und Geister und so auch Ost und West, auf welcher der beiden Bewegungen der Akzent liegt, auf dem „Eingehen und Heimgehen“ (Yin) oder auf dem „Aufgehen und Ausgehen“ (Yang). Die Völker des Ostens sind mehr Völker des ewigen Heimgangs, die Völker des Westens des ewigen Aufbruchs und Ausgangs. Und so gibt es auch Menschen, die mehr Yin, und andere, die mehr Yang sind. Welt und Weg sind ihnen in verschiedener Weise gegeben und aufgegeben. Mutter-Seele als Urquell und Heim-Sog und Vater-Geist als Schöpferkraft und Gesetz streiten und verbinden sich in anderer Weise. Doch so gewiß die Lage des Akzents Verschiedenheiten in Lebensgefühl und Grundintention und in der Erfahrung von Verheißung und Auftrag bedingt, menschliches Leben bleibt letztlich nur fruchtbar und heil, wenn es auch der Gegenbewegung Raum gibt. Eines jeden Wesens Eigenart bestimmt die Grundrichtung seines Werdens zu der ihm bestimmten Gestalt. Die damit aber gegebene Tendenz zur Einseitigkeit ist die mit aller Eigenart verbundene Gefahr. Das gilt auch für den christlichen Westen, für den die Wiederherstellung der Ureinheit des Seins nicht ein Zurück und Heim zur Großen Mutter bedeutet, sondern den Sieg des schöpferischen, lichten Vater-Geistes über die Materie, die durch ihn im Menschen zum bewußten Spiegel der Ureinheit geformt und verwandelt ist (X).

Leibesübung als Exerzitium

Es gibt leibhafte Grundhaltungen, die der Bekundung der Einheit mit dem Wesen entgegenstehen, und andere, die sie fördern. Heil und ganz wird der Mensch nur in dem Maße, als das Gefüge seiner Grundhaltungen ihm erlaubt, durchlässig zu sein, sich gelöst und gelassen seinem inneren Wesen zu öffnen, sich ihm gemäß zu geben und zu bewegen.

In dem Maße, als diese Durchlässigkeit gewahrt wird, offenbart sich im Dasein das Sein als eine beglückende, befreiende Kraft, die Inbildlichkeit als Schönheit der bewegten Gestalt, die Einheit als warme Verbundenheit des Menschen mit sich und anderen, unbewußt schon auf der natürlichen Ebene.

Der Leib widerspricht der Bestimmung des Menschen in dem Maße, als er – weil er verspannt ist oder erschlafft – diese dreifache Bekundung des Lebens verhindert.

Eine Leibeserziehung, die die große Durchlässigkeit für das Wesen im Sinn hat, unterscheidet sich von Grund auf von einer Leibeserziehung, der es nur um „Gesundheit und Leistung", das heißt um „Leistungsfähigkeit" geht. Aber diese Durchlässigkeit zum Wesen hin ist auch die beste Voraussetzung für alle Wirkkraft des Welt-Ichs, so auch für das Gelingen einer Leistung. Doch was für eine allein oder vorwiegend an der objektiven Leistung orientierte Leibeserziehung nur die beste menschliche Voraussetzung ist – wird für eine Leibeserziehung, die den ganzen, zum Wesen hin geöffneten Menschen im Auge hat, zum maß- und richtunggebenden Sinn.

Es gibt die große Tradition der alten japanischen Sportkünste. Diese altjapanische Auffassung hat eine zeitlose und universelle

Bedeutung. Die in ihr enthaltene Wahrheit hätte Gültigkeit auch für uns – vorausgesetzt, daß für uns die Sinnmitte der Leibesübung, um die sich alles dreht, nicht die meßbare Leistung, sondern der Mensch wäre, der sie vollbringt.

Auf diesem Prinzip beruht auch in der japanischen Tradition die Übung der Technik der Künste und des Krieges sowohl wie die der Künstler, als Mittel zur Entdeckung und Befreiung des Wesens. Hier stellt der Übende eine vollkommen gemeisterte Technik, das heißt sein vom Ich gereinigtes Können, einer tieferen Kraft zur Verfügung, die nun bewußt wird im Glanz seines Erlebens und für ihn die meisterliche Tat vollbringt. Die Augenblicke, in denen dieses wirklich gelingt, sind auch bei großen Könnern selten und nicht voll in ihre Macht gegeben.

Das Besondere alt-japanischen Sportes liegt darin, daß im Verhältnis von Mensch und Leistung der Akzent auf dem Menschen liegt und nicht auf der Leistung. Nicht die Leistung ist es, die durch eine meßbare Größe dem sie vollbringenden Menschen seinen Rang und Wert gibt, sondern der Mensch ist es, der durch seine gesamte Verfassung, Einstellung und Haltung der großen Leistung ihren Rang und ihren Wert verleiht. Wo diese Auffassung herrscht, wird die recht verstandene Übung zur Leistung zu einer wunderbaren Gelegenheit zur Reinigung und Reifung des Menschen, das heißt zum Exercitium!

Wie sieht nun so eine Übung aus, in deren Sinnmitte von Anfang an nicht allein die Leistung als solche, sondern durch sie hindurch der rechte Mensch steht?

Zunächst geht es in der Leistungsübung immer auch um das aufmerksame, willensmäßige Erlernen einer Technik, die die Voraussetzung eines Könnens ist. Schon dieses erste Einüben einer „Technik" kann aber dazu dienen, zu lernen, die Aufmerksamkeit statt nach außen nach innen zu richten und die rechte Gesinnung und Haltung zu pflegen.

Je mehr man in einer Übung die Technik beherrscht, und je reibungsloser und störungsfreier die Leistungssicherheit zunimmt (je weniger also die „Technik" bzw. das „Können" daran schuld sind, wenn noch Fehlleistungen eintreten) – desto mehr wird der automatisierte Gesamtablauf zu einem reinen Spiegel der eigenen inneren Ordnung und Unordnung. Dann wird es immer leichter, den inneren Feind zu sichten, das heißt den Faktor *in* uns, der sich im Versagen, in kleinen Zuckungen, Abweichungen und Unregelmäßigkeiten störend bemerkbar macht.

Den Vollzug der Leistung zum Spiegel der inneren Ordnung zu machen ist ein Übungsprinzip, das sich bei jeder automatisierten Handlung anwenden läßt. So kann das Schreibmaschinenschreiben für den, der es technisch beherrscht, zu einer bedeutsamen Quelle von Erfahrungen werden, die über die eigene Verfassung Aufschluß geben, und zugleich zur Chance, sich in Ordnung zu bringen. Wo das technisch Beherrschte zum Spiegel der inneren Haltung wird, wird die Übung der Leistung zugleich zum Exercitium auf dem Weg, und dies in dem Maße, als die Ursache aller Störungen und Blockaden eines Könnens bewußt wird.

Wer ist der innere Feind? Wer ist schuld daran, daß die einwandfreie Leistung nicht zustande kommt, obwohl die Technik einwandfrei beherrscht wird? Damit stehen wir vor dem Grundproblem, vor dem jeder steht, der eine Übung technisch beherrscht und feststellen muß, daß er im entscheidenden Augenblick versagt. Was sind denn die Voraussetzungen, die zum Können hinzukommen müssen, damit die gekonnte Leistung gelingt? Man sagt, die guten Nerven! Die „Kondition"! Aber was heißt das „in Form sein"? Was bringt die Form in Unordnung und den Menschen aus dem Gleichgewicht? Wem die Antwort auf diese Frage ein für allemal klar wird, dem wird auch der Angelpunkt deutlich, um den sich alle Übung drehen muß, deren Sinnmitte nicht die objektive Leistung, sondern die Reifung des Menschen ist. Die Antwort lautet: Es ist dasjenige Ich, das seinen Wertmaßstab draußen und nicht drinnen hat, und das, um sicher zu gehen, noch „macht", was es einfach „zulassen" könnte. Diese Erkenntnis schließt die Einsicht in den Zusammenhang jeder Leistung, auch von Leibesübung und Sport, mit menschlicher Reife ein.

Der Hauptwidersacher auf dem inneren, dem initiatischen Weg ist das nur an der Welt orientierte, sicherungsbedürftige, in seinem Selbstgefühl von der Welt abhängige, egozentrische Ich. Wenn es sich nun andererseits nachweisen läßt, daß es auch ebendieses Ich ist, das die gute Leistung verdirbt, auch wo man die Technik beherrscht, dann wird es klar, daß man die Bemühungen um die Voraussetzung vollendeter Leistung und die im Training notwendige tausendfache Wiederholung der gleichen Bewegungsfolge als Übung zur Überwindung des Ichs und also auch als Übung zur großen Durchlässigkeit vollziehen kann! Das gilt von dem Augenblick an, in dem man die Technik beherrscht und das Ringen um die makellose Vollendung sich dann nicht mehr um die Verbesserung der Technik dreht, sondern immer mehr zur reinigenden Auseinandersetzung mit sich selbst wird.

Wenn der Übende die Technik der ihm aufgegebenen Leistung beherrscht, würde die Bewegungsfolge, wenn er sein Können nur *zuließe*, ganz von selber und absichtslos (mit einer „unbewußten Sicherheit") ablaufen. Wenn der Übende nun dennoch ängstlich um das Gelingen besorgt ist, wird er das, was er kann, statt es einfach zuzulassen, immer noch einmal von sich aus *machen*. Das bedeutet: er kommt nicht aus der Bewußtseinslage heraus, die man das „gegenständlich fixierende" Bewußtsein nennt.

Die Überwindung des Ichs bedeutet also sowohl die Überwindung 1. des „eitlen", 2. des „fixierenden", 3. des alles „machenden" Ichs. Sie erfolgt zugunsten einer Gesamthaltung, in der die gekonnte Technik einfach zugelassen wird, also zugunsten einer zulassenden Gebärde. Dazu aber gehört als Grundhaltung Vertrauen. Vertrauen auf was? Auf das eigene Können? Das genügt ja eben nicht! Auf das Glück? Das ist trügerisch! Auf das eigene Ich? Das eben versagt. So bleibt nur das Vertrauen auf jenes personale Tiefenzentrum, das den eigentlichen Kern der menschlichen Persönlichkeit ausmacht.

In diesem Grundvertrauen liegt dort, wo die Technik der Leistung beherrscht wird, sowohl die Voraussetzung vollendeter Leistung wie auch jene „Frömmigkeit", deren Entwicklung mit dem Reifen einhergeht. Ihr Lebensnerv ist nichts anderes als das unbedingte Vertrauen in etwas, das man nicht machen kann, sondern in der Tiefe seiner selbst ist und das man zulassen muß.

Diese Tiefendimension kann, wie alles, was ihr im Wege steht, aber nur dann wirklich gespürt werden, wo das besorgte und wohlmeinende Ich ihr den Platz überläßt, und sie kann sich auf die Dauer nur auswirken, wo der Mensch lernt, sie nicht nur zu spüren, sondern auch, sie ernst zu nehmen.

So gibt es eine gemeinsame Voraussetzung für die zuverlässige Leistung und den Fortschritt auf dem Wege. Die höchste Leistung kommt dort zustande, wo der, der sie vollbringt, den Eindruck hat, es gar nicht mehr selber zu machen, wo er das von seinem eitlen und allzu geschäftigen Ich befreite Instrument eines vollendeten Könnens voller Vertrauen jener Tiefenkraft in sich überläßt, die dann die Leistung für ihn vollbringt. Im gleichen Sinn kommt es unser Leben lang auf dem Weg in die Reife darauf an, immer wieder unser Welt-Ich zurücktreten zu lassen, und das heißt, das Feld jener höheren Wirklichkeit einzuräumen, in deren Dienst es letztlich steht. Aufgrund dieser Gemeinsamkeit der Voraussetzungen vollendeter Leistung und echter Reife kann jede Bezeugung eines Könnens dem inneren Weg dienen. Diese Erkenntnis könnte eine Revolution im Bereich der Leibesübungen, das heißt des Sportes, herbeiführen. Sportliches Leisten und menschliches Reifen, bisher als Gegensatz empfunden, können nicht nur, sondern sollten einander zugeordnet sein. Der Sinn des Sportes sollte der Mensch sein, nicht aber der Sinn des Menschen ein Fußball! Zu solcher Wende bedarf es freilich der Grundeinstellung, daß es im menschlichen Leben allem zuvor darum geht, reifend jene Durchlässigkeit zu gewinnen und zu bewähren, die einen befähigt, sich im Schaffen, Dienen und Lieben in der Welt im Dienst eines Höheren zu bewähren. Dazu muß in jeder Übung immer wieder jene „innere Form“, die ganz vom Zentrum, nicht vom wollenden Ich her, der Leistungsforderung entspricht, erspürt werden. Dann wird sie immer mehr zum heimlichen Meister der weiteren Übung.

Die rechte Form ist immer bedingt durch den rechten Schwerpunkt, das heißt Hara, dessen Gewinnung, Festigung und Bewährung am Anfang und am Ende aller Übung steht. Der rechte Schwerpunkt als Voraussetzung vollendeter Leistung bedeutet aber zugleich eine Voraussetzung menschlichen Reifens (IX).

Überwindung der Berührungsscheu

In dem Maße, als der Mensch auf dem initiatischen Wege voranschreitet, das bedeutet: eins wird mit seinem Wesen, öffnet sich ihm der Kontakt mit dem Du. Einswerden mit dem eigenen Wesen, als der Weise, in der das überweltliche Leben in einem anwesend ist, bedeutet ja das Innewerden des Seins als der überweltlichen Fülle, des überweltlichen Sinnes und der alles durchwaltenden *Einheit.* Das Innewerden dieser uns mit allem im Wesen verbindenden Einheit erscheint im Erlebnisaspekt des Ichs als Kontakt mit dem Du. Sich im Wesen und vom Wesen her „da" zu fühlen, bedeutet, daß alles und jedes in einer Du-Beziehung erfahren wird, nicht nur der andere Mensch, auch alle Natur und auch die Dinge. Im Lichte der Seinsfühlung hat alles und jedes den Glanz der Nähe, und jede Begegnung mit einem anderen Menschen hat eine Tiefe, die von allem Trennenden der Fassaden und Rollen befreit und wahrhaft personale Begegnung ermöglicht. Ja, mehr als das, Seinsfühlung entbindet die Liebe – aber nicht jene Liebe, deren Ausdrucksform das Anhängen ist, das Haften und nicht mehr Loslassenkönnen oder eine Identifikation, die sich vorab als Schmerzscheu für den anderen ausdrückt, sondern die schöpferisch-erlösende Liebe, die den anderen zu sich selbst, das heißt zu der ihm individuell eigenen Manifestation des Wesens, ruft und unter Umständen auch mit Härte von seinem Welt-Ich befreit. Im Lichte dieser Beziehung von Wesen zu Wesen muß auch ein Symptom unserer wesensfernen Zeit gesehen und revidiert werden: die Berührungsscheu!

Je mehr Menschen sich „gegen"-seitig nur als „Objekte" wahrnehmen, desto weniger schauen sie sich gegenseitig an und um so mehr auch scheuen sie die körperliche Berührung. Natürlich gibt es sie in Gestalt der die Liebe jeder Art begleitenden Zärtlichkeit. Aber gibt es darüber hinaus nicht den leiblichen Kontakt auch außerhalb einer ausgesprochenen Liebesbeziehung, den Kontakt, der auf mitmenschlicher Zusammengehörigkeit und Wesensfühlung beruht? Dieser Kontakt legitimiert nicht nur eine Berührung des anderen, sondern legt ihn aus der Wahrheit heraus nahe. Und jede Berührung bedeutet oder schafft einen Kontakt nicht nur vom einen zum anderen, sondern schließt beide an ein Umfassenderes an, ja, kann die Zugehörigkeit zu einem größeren „Leib" heilsam zum Bewußtsein bringen.

Weil die im Wesen begründete Nähe zum anderen nicht ihren gebührenden, auch leiblichen Ausdruck findet, sind wir umgeben von Menschen, die frieren. Überall sind Hände da, die wie durch Gitterstäbe hindurch nach der Hand suchen, die sie liebevoll nimmt oder sich warm in sie hineinlegt. Geschieht das unvermutet einmal, dann sind plötzlich keine Gitter mehr da, und ein frierendes Herz taut in einem Strom es warm durchflutenden Lebens auf. Wie selten ist das! Es geschieht ganz selbstverständlich nur dort, wo ein Mensch unverstellt ganz einfach vom Wesen her *da* ist und sich getraut, die Wahrheit, die er im gespürten Einssein mit dem anderen *ist*, zu zeigen. Das freilich erfordert den Mut, über die lebenverhindernden Tabus einer Konvention hinwegzugehen, die die Berührung verbietet. Warum eigentlich? Vielleicht, weil mit ihr die trennende Wand fällt, die ein kleines Ich absichert und ein primitives Zugreifen verhindert, das derjenige zu fürchten hat, der, weil er selbst nicht das *Wesen* des anderen meint, eines distanzlosen Zugriffes fähig wäre. Welch beglückend erlösende Wirkung kann dagegen ein überraschend warmer Händedruck, ein Streichen über den Kopf haben oder ein Hand-auf-die-Schulter-Legen, einem den Arm Geben oder ein Handauflegen, beide Hände nehmen und geben oder ein ganz einfaches In-den-Arm-Nehmen, alles, ohne etwas zu wollen, als Ausdruck und schlichtes Zeichen eines brüderlichen, vom Herzen getragenes *Da*-Seins, eines schwesterlichen Mit-Seins, eines menschlichen Zusammengehörens. Die allermenschlichste Gebärde, das sich Einsfühlen im Leibe, kann so zum Zeugen der Anwesenheit des Großen Dritten werden, des uns alle verbindenden Wesens, und ruft ihn herbei.

In diesem Zusammenhang verdient ein Phänomen der unrühmlichen Erwähnung, das für die Form vom Menschen kennzeichnend ist, die in unserer Zeit übliche Massage!

Alle „medizinisch" gelehrte Massage nimmt nur den Körper wahr, der in seiner Höchstform „fit" sein soll. Dieser für das Funktionieren in der Welt begehrenswerte Zustand kann aber keineswegs Sinn und Ziel einer Behandlung sein, die den *Menschen* wahrnimmt und heilmachen soll. In dieser wird kein Körper berührt und mehr oder weniger fachgemäß auf Funktionstüchtigkeit hin traktiert, sondern es wird ein Mensch in die Hand genommen. Wie wenig das für gewöhnlich der Fall ist, geht allein aus der Tatsache hervor, daß nur ganz selten gelehrt wird, den Massage-Strich mit dem Atem zu koordinieren (z.B. wenn es um Entspannung geht, in den Ausatem), so, als wüßte man nicht, daß der Mensch sich im Einatem insgesamt in einem anderen Spannungszustand befindet als im Ausatem, und als sei es ganz selbstverständlich, einen Menschen ohne Rücksicht auf seinen, in seinem Atem erscheinenden Rhythmus zu „bearbeiten". Leibhaftige Behandlung meint nicht, einen Körper zu massieren, sondern einen Menschen so in die Hand zu nehmen, daß er mehr er selbst sein kann, und das bedeutet, zu allererst in seinen (Atem-)Rhythmus kommt. Kommt das Initiatische hinzu, dann heißt das, daß der Behandelte sich selbst *erfahre* als den, der er *eigentlich* ist und als solcher auch aufgehen kann in seinem Wesen. Er muß sich dann *spüren* in jener Dimension, in der er sich als das nur weltbedingte und weltbezogene Ich überschreitet und dieses Sich-Überschreiten nun auch leibhaftig erfährt. Dann führt auch die Behandlung zur Erfahrung numinoser Qualitäten, die immer das Anzeichen für das Aufgehen der anderen Dimension ist.

Rechte „Behandlung" eines Menschen schließt die Entwicklung seines „inneren" Bewußtseins, seines Spürbewußtseins, ein. Da es auf dem inneren Weg darauf ankommt, die Vorherrschaft des gegenständlichen Bewußtseins zugunsten des Spürbewußtseins abzubauen, wird die Bedeutung sichtbar, die rechte, das heißt wesensgemäße Behandlung für den Behandelten, das heißt seinen Fortschritt auf dem Weg haben könnte. Dies bedeutet in der Behandlung vor allem die Durchlässigkeit für die kosmischen

Kräfte und Ordnungen, in die wir eingebettet sind und an denen wir im Grund teilhaben. Es gibt dies Öffnen zur kosmischen Transzendenz im Leibe. In diesem „Öffnen“ erfährt der Mensch eine außerordentliche Erweiterung seiner selbst. Medium dieser Erweiterung ist, physisch gesehen, vor allem die Haut, wo sie nicht als ein von der Umwelt Trennendes, sondern ganz bewußt als ein verbindendes Medium erfahren wird. Verbinden mit was?

In der Antwort auf diese Frage werden wieder die beiden Dimensionen deutlich: die weltliche und die überweltliche. Wie in einer Cellophanhülle erscheinen viele Menschen eingeschlossen in ihrer Haut. Eine gute Hand kann sie öffnen so, daß sie mit einem Male mit der Haut zu atmen beginnen und sich erfrischt und auch im Kontakt mit der Welt fühlen. In eine ganz andere Dimension weist die Berührung dort, wo sie den Menschen über sich hinausträgt und eine Sphäre erleben läßt, die numinosen Charakter hat. Dies beginnt mit der Selbsterfahrung des „Ätherleibes“, das heißt des feinstofflichen Körpers.

Es gehört auch zu den betrüblichen Zeichen einer Menschheit, die von der leibhaften Erfahrung des Wesens nichts weiß, daß sie die transzendente Bedeutung der Erotik nicht erkennt. In aller Erotik, nicht erst in der im Orgasmus mündenden Sexualität, ist ein qualitativ erlebbarer Faktor enthalten, der den Menschen in seinem kleinen Ich gleichsam untergehen läßt und über sich hinausträgt. Ob dieses „Über-sich-Hinaus“ nach unten in ein Grobanimalisches führt oder nach oben in eine übersinnliche Sinnlichkeit, unterscheidet dann die Geister. Alle Sexualerziehung müßte aber an diesem Licht-Numinosen orientiert sein, das schon in der leisen erotischen Berührung eine Brücke zum anderen Ufer schlagen kann. Daß in der Tradition aller Religionen mehr oder weniger im Geheimen Praktiken ausgebildet wurden, die sich der Sexualität und der Erotik bedienten, um den Menschen über den erwachenden Leib den Kontakt mit der Transzendenz herstellen und erfahren zu lassen, ist bekannt.

VI

Der Ruf nach dem Meister

Der Ruf nach dem Meister

Immer öfter ertönt in unserer Zeit – insbesondere von seiten der jungen Generation – der Ruf nach dem Meister. Dieser Ruf eröffnet eine neue Epoche in der Geschichte des abendländischen Geistes.

Im Ruf nach dem „Meister" meldet sich eine „Neue Zeit", die die altgewordene „Neuzeit" hinter sich läßt. Der Ruf nach dem Meister ist ein Symptom der Ablösung des Zeitalters der „Aufklärung" durch eine neue Aufklärung. In ihr erkennt der Mensch des Westens, daß er in der Geistigkeit, die bisher für ihn maßgebend war, der ihm eigentlich zugedachten Wirklichkeit verstellt war. Ein neues Tor geht auf.

Der Ruf nach dem Meister bedeutet eine Absage an die Rolle des bisherigen Erziehers und Lehrers, sofern diese den Anspruch erheben, dem Menschen nicht nur Wissen und Können zu vermitteln, sondern ihn auch zu einem rechten Menschen und für ein rechtes Leben heranzubilden; denn in ihrem Bilde des „Rechten" fehlt das Entscheidende: der verpflichtende Bezug zur „Transzendenz" und der in ihm gegründeten Möglichkeit zu der menschliches Sein vollendenden Reife.

Wo der Mensch nur auf Durchsetzungskraft, nützliche Leistung und Wohlverhalten ausgerichtet wird, bleibt sein eigentliches Menschsein im Schatten. Heute drängt nun der Mensch, der eigentlich gemeint ist, ans Licht und verlangt nach Anerkennung und Führung. Wer aber kann die Führung übernehmen? Nur wer in eigener Erfahrung um den himmlischen Ursprung des Menschen *weiß* und dieses Wissen im anderen zu bestätigen oder zu wecken und zur Antriebskraft zu einem neuen Leben zu machen vermag! Es ist der Führer auf dem Weg, den man den initiatischen nennt, weil er mit dem Aufgehen des Tores zu dem Geheimen beginnt. Dies Geheime ist die uns innewohnende, aber im Leben des Welt-Ichs verborgene Quelle einer Kraft, eines Sinnes und einer Liebe, die nicht von dieser Welt sind – aber dem Menschen zur Erfahrung und Bezeugung in dieser Welt eingeboren sind. Der Führer auf diesem Weg ist der *Guru*, der *Meister*. So muß in unserer Zeit zu all den bisherigen „Berufen", die sich des Menschen annehmen – Arzt, Lehrer, Erzieher, Therapeut, Seelsorger –, hinzukommen der Sachwalter der Wirklichkeit, die dem Menschen kraft seines himmlischen Ursprungs zu wissen und planmäßig zu entwickeln aufgegeben ist. Einen Schritt in diese Richtung scheint die Therapie unserer Zeit zu gehen (XI).

Psychotherapie und Führung auf dem Weg

Man hat in jüngster Zeit den Unterschied gemacht zwischen kleiner und großer Therapie. Unter kleiner Therapie versteht man diejenigen Formen der Therapie, in denen es um die Heilung des Neurotikers geht, um die Wiederherstellung eines seelisch Erkrankten. Das will heißen: den Menschen wieder zu befähigen, sich in der Welt durchzusetzen und sich als werktüchtig und kontaktfähig zu bewähren und als Voraussetzung dafür ihn von seiner Angst, seinen Schuldgefühlen und seiner Kontaktlosigkeit zu befreien. Diese Arbeit geschieht im Dienst des in natürlicher Weise mit seinem Welt-Ich identifizierten Menschen. Diese Therapie hat einen rein *pragmatischen* Charakter. Sie wird immer das erste Anliegen des Arztes bleiben. Dazu kommt neuerdings eine andere Thematik, die dort auftaucht, wo das Leiden des Menschen – sei es physisch oder psychisch – seine Wurzeln in einer Tiefe hat, die über das noch psychologisch Faßbare hinaus in den Kern seines metaphysischen Wesens reicht, also bis in jene Tiefen des Unbewußten, deren Äußerungen einen numinosen Charakter haben. Wo das Numinose auftaucht, ist das überweltliche Leben im Spiel. „Heilung“ ist dann nur möglich, wenn der „Kranke“ lernt, sich von dorther zu begreifen und sein Versagen in der Welt als Ausdruck der Blockierung einer Selbstverwirklichung zu verstehen, in der sein eigenes transzendentes Wesen hervorkommen sollte. Diese Therapie, die der Auszeugung des Wesens im Welt-Ich und in diesem Sinne der Verwirklichung des wahren Selbstes dient und nicht nur die Wiederherstellung eines wesensfernen Welt-Ichs im Auge hat, hat man die große Therapie genannt. Sie hat, wenn sie sich selbst treu bleibt und sich am Ende nicht doch wieder nur als Umweg zur Gesundung und Ertüchtigung für die Welt begreift, einen *initiatischen* Sinn.

Es ist verständlich, daß ein „Analytiker", der selbst nicht die „Stufe" hat, von einem „transzendenten Kern" nichts weiß, nichts wissen kann oder auch von ihm als einer Realität nichts wissen will und die Äußerungen dieses Kernes als Projektionen, als Illusionen und Wunschgebilde eines weltflüchtigen Ichs interpretieren wird. Damit wird viel Unheil angerichtet. Ein Leidender, der zur Stufe des Initiatischen gehört und nicht auf dieser Stufe verstanden wird, womöglich verständnislos auf der natürlichen Stufe festgehalten wird, wird dadurch schwer geschädigt – wie schon der Mensch, der zu dieser Stufe gehört, sich aber nicht ihr gemäß entwickelt, krank wird.

In der therapeutischen Situation gewinnt im Patienten das an Gewicht, was der Therapeut sowohl theoretisch wie existentiell für sich selbst ernst nimmt. So aber ist es auch außerhalb der im engeren Sinn therapeutischen Situation. Nur was wir ernst nehmen, gewinnt für uns Wirklichkeit, und je mehr der andere in unsere Einfluß-Sphäre gerät, um so mehr gewinnt das von uns ernst Genommene auch in ihm Wirklichkeit. Was wir als seinen Kern ansehen, kann dann in ihm wie ein Magnet zu wirken beginnen, der alles auf sich hin ordnet, ein Strudel, der alles in seinen Wirbel hineinzieht, oder aufbrechen wie eine verborgene Quelle, die alles neu macht. Das zeigt das Maß der Verantwortung, das wir denen gegenüber tragen, die sich uns anvertrauen.

Für den zum initiatischen Weg Berufenen ist es von ausschlaggebender Bedeutung, daß er eines Tages einem Menschen begegnet, der selbst auf diesem Weg ist und die Menschen, die ihm nahe kommen, von Wesen zu Wesen anzuhören und zu sehen weiß. Es ist selten genug, daß dies in der eigenen Familie geschieht, Bindungen des Blutes stehen der Freiheit zum inneren Weg häufiger im Wege, als daß sie sie fördern. Der Arbeitskamerad ist in anderer Weise mit einem verbunden. Mit ihm teilt man mehr die Sorgen der Welt. Erst eine Freundschaft, die auf einer Verwandtschaft der Seelen beruht, erzeugt bisweilen das Klima, in dem die ersten Blüten aus dem Wesen wagen können, sich ein wenig zu öffnen. Aber voll aufgehen können sie nur, wo einer, der weiter ist auf dem Wege, sie wahrnimmt und dem Novizen das, was ihm geschieht, in einer Weise zurückspiegelt und deutet, in der er sich plötzlich selbst in neuer Weise entdeckt und ernst nimmt.

In einer Zivilisation, die auf Leistung und Wohlverhalten gestellt ist, der Ratio den Vorzug gibt vor dem Gemüt und Wissen höher schätzt als Weisheit, Können höher als Reife, ist es selten, im Wesen wahrgenommen zu werden, geschweige denn, einen zu finden, der sich des eben Ankommenden annimmt. Die Zeit ist gekommen, daß jeder, der weiß, worum es geht, sich seiner Verantwortung bewußt werde denen gegenüber, die „dazugehören", und sich ihnen zugesellt als Begleiter oder auch Helfer auf dem Weg – je nach dem Grad ihrer eigenen Entwicklung.

Die Verwandlung, um die es auf dem initiatischen Weg geht, beginnt nicht immer mit deutlich umrissenen Seinserfahrungen, sozusagen in Grenzsituationen und hell leuchtenden Sternstunden. Bisweilen sind es nur mehr oder weniger schnell vorübergehende Seinsfühlungen! Bisweilen nur der Hauch des Numinosen in einem Traum! Aber in unserer Zeit mehren sich die Fälle, in denen Menschen, oft auch noch sehr junge Menschen, auf solche Augenblicke aufmerksam werden und sich verwundert fragen, was das sei. Mit dem Wahrnehmen und Ernstnehmen solcher Augenblicke kann der Weg beginnen, der über jede Therapie hinausweist, aber er muß es nicht. Wohl ist die „große Therapie" diejenige, der es nicht primär um eine Weltfähigkeit des Menschen geht, in der der Mensch, womöglich auch auf Kosten seines Wesens, reibungslos und schmerzfrei funktioniert. Es geht ihr primär um Selbstverwirklichung aus dem Wesen. Aber hiermit ist noch nicht notwendig der Raum der pragmatischen Therapie verlassen und die initiatische Verwandlung zum maßgebenden *Sinn* der Arbeit geworden. Dies geschieht erst dort, wo es weder um Anpassung an die Welt und Schmerzbefreiung, noch nur um eine „Selbst"-Verwirklichung geht, wo der Maßstab des Gelingens nicht am Ende doch die Weltfähigkeit ist, sondern allein die Durchlässigkeit für das Wesen, wo also das „wahre Selbst" als der Ort begriffen wird, worin sich das Sein selbst in der Sprache dieser Individualität in der Welt erfahren und offenbaren kann. Der Akzent liegt dann auf dem Offenbarwerden des Seins und nicht auf der Weltgemäßheit des Menschen. Auch dort erst, wo der Mensch nicht mehr die Transparenz für Transzendenz um seines Selbst willen sucht, sondern die Transparenz für sein Wesen um der Transzendenz willen und also ausschließlich zum Dienst am Sein heranzureifen gewillt ist, ist die Ebene des Initiatischen wirklich erreicht. „Initiatisch" ist ein Leben erst dort, wo es eindeutig im Dienste des „Großen Dritten" steht. Solange die Fühlung mit dem Sein nur um des heilen Selbstes willen gesucht wird, ist es noch Therapie. Erst wenn der Selbstverwirklichungsprozeß des Selbst um des Seins willen um jeden Preis auf sich genommen wird, was auch immer die Schmerzen oder vorübergehende Einbußen an Weltfähigkeit sein mögen, die er bringt, erst dann ist der Weg des Initiatischen beschritten.

Eine andere Frage ist es, wie weit der Weg des Initiatischen tiefenpsychologische Erkenntnis und auch psychotherapeutische Arbeit erfordert und voraussetzt. In der Tat bedarf es einer tiefenpsychologischen Bereinigung des Unbewußten. Ohne sie wird der Mensch leicht ein Opfer seiner Illusionen, die ihn glauben lassen, der Transzendenz und also der Transparenz näher zu sein, als er es tatsächlich ist. Und wo der Mensch sich, z.B. in geistlicher Übung, nur dem Lichten zugewendet hält, sich um das Dunkle in ihm aber nicht kümmert, bleibt ihm der Teufel im Nacken. Wo die Fundamente faul sind, bleibt das schöne Gebäude gefährdet.

So wie die Übung im Wahrnehmen und Ernstnehmen des Numinosen gehört die Einsicht in das, was den Menschen in seinem Bewußtsein und im Unbewußten von der im Numinosen erscheinenden Seinswirklichkeit trennt, in die Arbeit auf dem initiatischen Wege hinein. Umgekehrt kann eine sauber das Unbewußte erforschende und in seinen Komplexen aufarbeitende Therapie wesentliche Vorarbeit leisten, ja, wo sie das Wesen ernst nimmt, zum Ausgangspunkt und Weckruf einer Entwicklung werden, die im Initiatischen mündet.

Wo es aber um mehr geht als um die Wiederherstellung eines

wohlfunktionierenden Welt-Ichs, muß zur kunstgerechten Auflösung erstarrter Komplexe und fixierter Mechanismen die Transzendierung der Bewußtseinsform hinzukommen, die mit ihrem Fixieren das natürliche Welt-Ich, sei es ichhaft oder selbstlos, beherrscht. Erst dann mit dem Überwinden der Vorherrschaft des alles vergegenständlichenden Bewußtseins wird eine Führung auf dem Weg möglich, die auf mehr zielt als auf die Anpassung eines noch nicht zum Wesen erwachten Menschen an die Welt und auf die bloße Wiederherstellung seiner natürlichen Genuß-, Arbeits- und Liebesfähigkeit in der Welt. Nur wo der Geist einer Heilkunst jener geistliche Geist ist, der in der Seinserfahrung geboren, am zuinnerst erlebten Gesetz und Inbild geordnet, zum verantwortlich steuernden Bewußtsein wird, geht auch jenes Licht mitmenschlicher Strahlung auf, das zugleich erleuchtende und heilende Kraft hat. Die in der initiatischen Führung zu leistende Arbeit an der Überwindung der Herrschaft des gegenständlichen Bewußtseins hat aber zur Voraussetzung, daß man selbst seine Grenzen erkennt und gewillt ist, einer rational nicht faßbaren Wirklichkeit die Ehre zu geben und also bereit, Bewußtseinsformen ernst zu nehmen und sie zu entwickeln, die ihr gerecht werden können.

So wie die Wirklichkeit, in der Werte gelten, eine andere ist als die, in der Tatsachen bestehen; einen Sinnzusammenhang zu verstehen etwas anderes bedeutet, als einen Vorgang zu erklären; einen Menschen als Person wahrzunehmen etwas anderes als Erklären und Verstehen von Sachen oder Sinnzusammenhängen, so ruft auch die Transzendenz den Menschen zu völlig anderem Antworten auf als Tatsachen, Sinnzusammenhänge und Personen. Hier geht es um eine alles verwandelnde, erlösende und verpflichtende Einsfühlung und Einswerdung im Wesen, die alles Erklären, Verstehen und mitmenschliches Wahr-Nehmen in der Welt nicht etwa ausschaltet, sondern in einem ganz anderen, überweltlichen Zusammenhang, der völlig anderer Erkenntnisformen bedarf, einschaltet. Von hier aus wird auch die Neue Zeit, eine neue Naturwissenschaft, eine neue Geisteswissenschaft und eine neue Menschenwissenschaft sich entwickeln.

Alle Weltreligionen oder Religionsphilosophien wachsen aus einer leidvollen Daseinsform, darin der Mensch, dem Kindheitsparadies und dem vorweltlichen Urstand entwachsen, nun an der Sonderung krankt und „heimzufinden" verlangt, auf daß in neuer Ganzheitsfindung der Kreis sich wieder schließe. Rechte Weghilfe bedeutet also Hinführung und Wiederverwurzelung des Menschen in seinen Wesensgrund und Bewußtmachung und Ausbildung des größeren Subjektes in ihm, darin er seine Wiederganzwerdung nach der Aufspaltung als Möglichkeit und Notwendigkeit immer schon im Keime enthält. In diesem Sinn ist das Aufrufen, Entdeckenlassen und Bilden der das Ganze spiegelnden Tiefenperson wesensgerechte Arbeit am Menschen, der sich im Wesen sucht.

„Methodisch gesehen, zielt eine existentiell, das heißt initiatisch und nicht nur psychologisch und pragmatisch konzipierte Weghilfe von Anfang an darauf hin, die verschütteten oder noch unbewußten Wesenskräfte zu wecken und ihnen Auftrieb zu geben. Bei der Anamnese werden daher besonders Berichte über Erlebnisse ernst genommen, die „durchschlugen", zündeten, senkrecht die rational zweckmäßig angelegte Daseinswirklichkeit trafen. Die Bedeutung der besonderen, numinosen Qualität solcher Erlebnisse kann keinem verborgen bleiben, der darauf gebracht worden ist, die Tiefendimension des Erlebens und den ihr innewohnenden Wahrheitsgehalt ernst zu nehmen. Der noch Verunsicherte wird in seinem Wahrnehmungsvermögen für Ereignisse transzendenten Gehaltes geweckt und dazu ermutigt werden, sich auch bewußtseinsmäßig mehr und mehr auf das Erfassen eines höher dimensionierten Erlebnispotentials einzulassen. So wird legitim, was illegitim oder belanglos schien. Das für die beschränkte Sicht der alten Wirklichkeit „Mysteriöse" erhält im Zuge der Bewußtseinserweiterung und -vertiefung den Rang der Ebenbürtigkeit und einen rechtmäßigen Stellenwert. Das Überwirkliche wird wirklich. Zum rational Realen gesellt sich ein transzendental Reales mit der Verheißung, den Menschen einem „transzendentalen Realismus" (Evola) zu öffnen. Das Irrationale wird also „entzaubert", da es am neuen Menschentag als natürliche Wirklichkeit wahrgenommen und zugelassen ist – und schließlich zum eigentlichen Brot des Lebens wird" (Maria Hippius in: „Transzendenz als Erfahrung", XIII).

Meister – Schüler – Weg

Die Neue Zeit, die durch das Ernstnehmen der Seinserfahrung bestimmt ist, setzt damit auch ein neues Verhältnis zwischen den darin ein- und aufgehenden Personen. Es entsteht die Gemeinschaft der Suchenden, die einander erkennen als Brüder und Schwestern im Sein, Glieder einer Familie, die einander verstehen hinweg über die Grenzen von Raum und Zeit. Längst Verstorbene sprechen zu einem, als seien sie leibhaftig im Raum, Alte und Junge treffen sich in zeitloser Nähe. Wände, die für den natürlichen, noch nicht vom Sein ergriffenen Menchen durch Rassenunterschiede, fremde Geistestradition, andere Religion oder andere Rangunterschiede da sind, verschwinden – und es ist, als befände man sich mit den anderen im Zuge einer gewaltigen Prozession von Suchenden, die über Zeiten und Zonen hinweg, von vielen Seiten kommend, von verschiedenem Ursprung und von verschiedenem Schicksal beladen, in verschiedene Gewänder gehüllt, jeder für sich und doch Hand in Hand mit den anderen, das gleiche unbekannte Ziel im Auge, dahinschreiten, von der gleichen Sehnsucht getrieben, angezogen vom gleichen Stern. Es ist, als wüchse in diesem Zug Leben wieder zu seiner Ganzheit zusammen, nachdem es, seiner Wesenswurzel beraubt, wesenlos zerstückt und auseinandergefallen, sich nun im Glanz seiner Fülle, seiner Ordnung und Einheit wiederzufinden im Begriff ist.

Im großen Zuge dieses aus der Kraft des wiedererwachenden LEBENS sich neuentdeckenden Lebens entdeckt jeder einzelne, daß er nun auf einem *Weg* ist, auf dem er, ist er einmal unabdingbar vom Sein getroffen, der Führung bedarf, des Führenden also, des *Meisters,* den er als *Schüler* braucht – um der zu werden, als den er sich in glückhafter Stunde einen Augenblick lang erkannte.

So wie die Reifung des Menschen zu seinem wahren Selbst nicht ohne Fühlung mit seinem tiefsten Kern, dem Wesen, das selbst nicht von der Welt her bedingt ist, möglich ist, so wirkt sich umgekehrt das Innewerden des Kernes, wie wir es heute erleben, in dem Verlangen nach echter Selbstwerdung und Führung auf dem Wege aus. Die Not unerfüllter Wesenheit läßt sich, wenn sie einmal als solche bewußt wird, weder durch mehr Erfolg in der Welt noch durch ein Zurück in den Glauben beheben, denn sie entspringt ja aus der Situation, in der der Mensch seine Erfüllung nicht mehr in weltlicher Leistung findet und sein Glaube ihn nicht mehr trägt. So ist das Verlangen nach Führung auf dem inneren *Weg* unabweisbar geworden. Und wer nach dem Meister verlangt, ist zum Schüler geworden.

Der Meister

Der Meister ist die Antwort auf eine Frage, die sich in einer ganz bestimmten inneren Situation, aber auch erst auf einer bestimmten Stufe der menschlichen Entwicklung stellt. Da ist der Mensch in eine Sackgasse geraten, in eine innere Not, aus der ihm kein Arzt helfen, mit der er auch selber nicht fertig werden kann und in der ihm auch sein Glaube nicht hilft. Aber er ahnt etwas und sucht etwas, das ihm zuinnerst verheißen und aufgegeben ist und zugleich die eigentliche Erfüllung seines Lebens sein könnte. Er ahnt es aufgrund einer besonderen Erfahrung. Irgendwie ist der Mensch mit dem überweltlichen Sein, mit dem Göttlichen, im Glück einer Nähe oder in der Not seiner Ferne in Fühlung gekommen. Es ist anders, als er es bisher im Rahmen seiner Gewohnheit und geistlichen Herkunft gesucht hatte. Was eigentlich geschah, weiß er selber nicht, er weiß nur, daß es darum geht, in einen Dauerkontakt mit dem zu kommen, was ihn da berührt hat. Die Not, auf die er zu antworten hat, ist nicht das Leiden an einer physischen oder psychischen Funktionsuntüchtigkeit gegenüber der Welt, sondern ist jetzt das Leiden am Getrenntsein vom göttlichen Grund seines Lebens, gerade, *weil* er ihn einen Augenblick zuinnerst erfuhr! Zu wem soll er gehen, der dieses Leiden erleidet? Nicht zum Arzt, der als Arzt nichts davon versteht, sich wahrscheinlich für nicht zuständig erklärt, ihm vielleicht ein Beruhigungsmittel verschreibt oder ihn dem Psychiater überweist. Er fürchtet aber auch den Psychologen oder Psychotherapeuten, der womöglich die köstlichste seiner Erfahrungen auf etwas anderes „zurückführt“ oder sie als Illusion, Inflation oder Projektion deklariert. Nichts ist schrecklicher und heilloser, als in einer solchen Situation sich einem Menchen anvertraut zu haben, der, weil er selbst diese Erfahrung nicht kennt, das hier Geschehene fehldeutet, z.B. die Wesens-Erfahrung als Ich-Aufblähung. Man will aber auch nicht zum Priester-Seelsorger in der Befürchtung, er könnte die Gültigkeit der Erfahrung von seinem theologischen Standort bezweifeln, sie als etwas nur „Natürliches" und „Subjektives" abtun oder gar versuchen, den Rat- und Hilfesuchenden „wieder zurückzuholen" in den Schoß der Mutter Kirche, der man, wie man meinte, doch gerade entwuchs. Man sucht jemanden ganz anderen – man sucht den Meister.

Das Wort „der Meister" bezeichnet dreierlei: den Ewigen Meister, den leibhaftigen Meister, den inneren Meister.

Der Ewige Meister, das ist eine Imago des Lebens, das geschaut wird in einem Urbild, einer Idee, einem Archetypus. Der leibhaftige Meister ist die Verwirklichung dieser Idee in der geschichtlichen Wirklichkeit. Der innere Meister ist das in einem Menschen als Verheißung, Erfahrung und Auftrag erwachte Potential zur Verwirklichung des Ewigen Meisters in leibhaftiger Gestalt.

„Der Meister" – sei es als Idee, leibhaftige Wirklichkeit oder innerer Auftrag – „meint" immer das menschgewordene LEBEN, das überweltliche, sich selbst fortzeugende Leben, in der Welt offenbar geworden in menschlicher Gestalt.

Den Meister gibt es nur in bezug auf einen, der bedingungslos den *Weg* zu dieser Gestalt sucht: das ist der *Schüler.* So gibt es den Meister nur zusammen mit dem Weg und dem Schüler.

Meister-Schüler-Weg, das ist die Dreieinheit, in deren Zeichen sich das Tor zum Geheimen öffnet, das heißt zum Reich, das nicht von dieser Welt ist. Es ist das Medium, in dem und durch das das Unendliche im Endlichen, das überraumzeitliche Leben in unserer raumzeitlichen Welt gegen allen Widerstand und unter allen Bedingungen Gestalt gewinnen kann. Das Leben in seinem Drang zum Offenbarwerden bewußt werden zu lassen, als die für alles maßgebende Verpflichtung anzuerkennen und planmäßig den „Weg" zu gehen – das vermag der Mensch erst auf der initiatischen Stufe seiner Entwicklung. Erst wenn er sich selbst im Wesen als das Gesuchte erfuhr, das ihm zur vollen Bewußtwerdung und Gestaltwerdung in der Welt gegeben und aufgegeben ist, seinen Selbstverwirklichungsdrang aus dem Wesen also als das ihm geschenkte „Muß-Darf-Soll", erst dann erfährt er sich begierig zum Weg, bedürftig des Meisters, als Schüler bereit (XI).

Die Idee, die das Wort „Meister" bezeichnet, ist die des Homo Maximus, des universalen Menschen, in dem das Sein, das Große LEBEN in seiner Totalität – als Fülle, Gesetz und Einheit – offenbar wird in menschlicher Gestalt, indem es sich in einem zugleich weltüberlegenen und weltkräftigen Tun verwandelnd und fortzeugend auswirkt in der Welt. Im wirklichen Meister sieht der Schüler die Verwirklichung der in ihm selbst als Potential erwachten Idee, die er auf dem vom Meister gewiesenen Weg selbst zu verwirklichen hofft und gewillt ist.

Wie den Meister, so gibt es den Schüler und auch den Weg in dreifacher Weise: als Idee, als leibhaftige und als innere Wirklichkeit.

Der innere Meister

Wo immer im Zusammenwirken von Meister und Schüler Sein ins Dasein zu treten vermochte, Überweltliches in menschlicher Weise Welt wurde, wo immer ein Schüler durch das Tor der Verwandlung trat, auf den Weg in eine Verfassung, in der er Schritt für Schritt die ihm innewohnende Wahrheit befreien und mehr und mehr zu einem Zeugen des LEBENS werden kann, da vollzog sich dies immer auf zwei Ebenen: auf der Ebene der äußeren, raumzeitlichen Welt, wo ein Meister auftrat, ein wirklicher Mensch einem anderen Menschen, dem Schüler, begegnend; und zum anderen im Innenraum des Suchenden selbst. Da ist der Meister nicht ein Mensch, der dem Schüler draußen begegnet, sondern eine Instanz in ihm und für ihn. Wir alle sind es selbst kraft unseres nicht-endlichen Ursprungs, sind Schüler und Meister in uns, sind es aus der Not und Kraft unseres überweltlichen Wesens, das in uns zu seiner Selbstverwirklichung in einer Weltgestalt drängt. Und so ist der innere Meister die Voraussetzung für das Suchen, das Finden und das Wirken eines leibhaftigen Meisters in der Welt.

Wer reif wird zum Weg und nach dem Meister verlangt, weil er der Führung bedarf, aber rings im Kreise niemanden findet, der seinem Anspruch entspricht, darf wissen, daß er den Meister als Archetypus in sich hat, sich selbst als inneren Meister. Hätte er ihn nicht, so könnte er auch den Meister draußen nicht finden. Selbst wenn er ihm begegnete, würde er ihn nicht erkennen. Der innere Meister ist man selbst als das unbewußt zur bewußten Verwirklichung drängende Potential *des* Menschen, der man sein könnte und sein sollte. Den inneren Meister, das heißt dieses Potential, zu spüren, zu erkennen und anzuerkennen, hat eine bestimmte *Stufe* der Entwicklung zur Voraussetzung.

Den Meister in sich anzuerkennen hat nichts mit Überheblichkeit zu tun. Die Last des Weges, der nun bevorsteht, anzunehmen, erfordert rechte Demut. Es gibt auch die falsche Bescheidenheit, die in Wahrheit nur Angst vor der größeren Verantwortung ist. Sie steht dem Hervorkommen des Meisters im Wege.

Das Spüren und Anerkennen des inneren Meisters als ein Angelegtsein auf das „Sein wie Gott", auf den Bürger im Reich, das nicht von dieser Welt ist, ist die Voraussetzung für das Wirksamwerden der autonomen, aller weltlichen Bedingtheit überlegenen Wegkraft. Man könnte nicht von einem Menschen sagen, er habe den Weg verfehlt, wenn man ihm nicht zubilligte, daß er ihn im Grunde hätte gehen können. Das ist gewiß nicht für jedermann – aber für jeden, der die Reife zum Sprung auf die Stufe des Initiatischen hat.

Der leibhaftige Meister

Das Wort „Meister“ meint, sofern es sich um eine geschichtlich reale Figur handelt, einen Menschen, in dem das Leben voll gegenwärtig ist. Es hat sich durchgesetzt in seinem Erleben und Erkennen, ist als Wirkkraft präsent und in leibhaftiger Gestalt da. Im Meister ist das LEBEN im Raum des Menschlichen seiner selbst in gelebter Wahrheit bewußt geworden, zu schöpferischer Freiheit entbunden, zu fortzeugender Richtkraft befähigt und zu nicht mehr aufzuhaltender Verwandlung befreit.

So ist der leibhaftige Meister eine Höchstform menschlichen Seins, vollendeter Gestalt des Weges, angekommen, weil sich selber nie erreichend, nie stillestehend, weil eingemündet zum *Weg*.

Geprägt und geladen, gerichtet und beauftragt vom größeren Leben, ist der Meister das zur Manifestation des Überweltlichen in einem Menschen herangereifte Sein. Er hat überschritten, was das Hervorkommen des LEBENS verstellt. Er verkörpert, obwohl zugleich noch ganz Mensch, einen übermenschlichen Rang. Sein Denken und Handeln ist nicht mehr beherrscht von sozialen, moralischen, theologischen Forderungen und Ordnungen der Welt, denn er steht in der Freiheit des Überweltlichen. Der Meister mag die Ordnungen der Welt respektieren, aber er ist ihnen nicht unterworfen. So wird er immer wieder zum Ärgernis. Die Wahrheit des LEBENS läßt das Gewordene nur zu, wofern es das Werden des Ungewordenen nicht stört. Das Vorwalten des Unendlichen im Endlichen sprengt jede endliche Form.

Der Meister erfüllt nicht die Vorstellung eines Ideals vom rechten Menschen. Er entspricht nicht dem Bild dessen, der man sein sollte im Sinne der herkömmlichen Werte des Schönen, Wahren und Guten. Was vom Meister ausgeht, ist dem braven Bürger ein Greuel, so wie dieser das unerschöpfliche Angriffsziel für die spitzen Pfeile des Meisters. Der Meister ist kein konsolidierendes Element, sondern eine revolutionierende Figur. Man weiß nie, was kommt. Er ist unberechenbar und widersprüchlich wie das Leben. Er bringt nicht den Frieden, sondern das Schwert.

Der Meister ist das Leben mit seinem dem neuen Leben vorgelagerten Sterben, gefährlich, unbegreiflich und hart. Der Mensch strebt nach Sicherheit und Harmonie, der Meister scheucht auf, was sich soeben gesetzt hat, stößt um, was als feststehend galt, löst auf, was sich band, denn es ist das Gehen gemeint, niemals das „Fest-Stehen", das Weiterschreiten, nicht das Ankommen, die Verwandlung, nicht die Voll-Endung. Leben ist nur im Übergang. Der Meister hält das Leben im ewigen Übergang.

Im Meister wird das Sein in seiner Dreieinheit offenbar. Er repräsentiert die Fülle des Seins, die fühlbar wird in seiner ursprünglichen Mächtigkeit und todüberlegenen Kraft. Aus ihm wirkt die Gesetzlichkeit des Seins, die sichtbar ist in einem überlegenen Rang. Aus ihm heraus wirkt er als seinsgemäße Gestalt, auch ohne zu „tun". Der Meister verkörpert die Einheit des Seins, die spürbar ist in seiner Urverbundenheit mit allem Lebendigen, in der Tiefe seiner Menschlichkeit und in einer Liebe, die nur wenig noch zu tun hat mit einem „Gefühl". Das kennzeichnet seine Stufe. So eignen dem Meister die drei Urqualitäten des Wesens: Mächtigkeit, Rang und Stufe (III).

Der Schüler

Dem Erwachen zum Schüler liegt nicht immer ein großes Ereignis zugrunde. Das Unscheinbarste kann plötzlich die innere Wende herbeiführen; denn das Erwachen zum Schüler ist immer seit langem im Leiden an der Atemnot des Wesens vorbereitet. Je größer die Not aus dem Wesen, desto größer die Chance, daß ein Geringes die Wende hervorbringt, irgend etwas, das die Saite des Wesens zum Anklingen bringt, und nun völlig unerwartet das Unbekannte, das Geheime, an den Tag bringt.

Der Mensch ist vom großen Unbekannten berührt. Für einen Augenblick wirft es ihn in Verwirrung; er ist beglückt und bestürzt und labt sich, vielleicht für den Bruchteil einer Sekunde, am unendlichen Quell.

Nur aber, wo solches nicht vorbeirauscht und verfliegt wie eine Stimmung, sondern der Mensch dessen gewahr wird als Verheißung, Verpflichtung und Auftrag und dem Ruf zu gehorchen gewillt ist, bedeutet es das Erwachen zum Schüler.

Wer also darf sich Schüler nennen? Nur der, den die Sehnsucht von Grund auf gepackt hat, der, von der Not an die Grenze getrieben, glaubt draufgehen zu müssen, wenn er nicht durchbricht.

Nur der, den die Unruhe des Herzens ergriff und ihn nicht mehr losläßt, eh sie gestillt ist.

Nur der, der einmal zum Weg angetreten, weiß, daß er nicht mehr zurück kann, und bereit ist, sich führen zu lassen und zu gehorchen.

Nur der, der zum großen Vertrauen befähigt, folgen kann, wo er nicht mehr versteht, und zu jeder Prüfung bereit ist.

Nur der, der hart sein kann gegen sich selbst und um des Einen willen, das in ihm ans Licht drängt, alles zu lassen bereit ist.

Nur der, der, weil ihn das Unbedingte ergriff, alle Bedingungen annimmt und die Härte des Weges erträgt, auf dem der Meister ihn führt (VII).

Die Führung auf dem Weg hat immer auch ihre Grenzen, im Führenden sowohl als im Geführten, und das Erwachen und der Durchbruch des Wesens ist immer auch eine Gnade. Man kann ihn nicht „machen", man kann aber die Möglichkeit des Durchbruchs „bereiten". Er *ist* blockiert, wo ein Helfer in Vorstellungen und Einstellungen befangen ist, in denen das Wesen als Grundkraft und Quelle des Lebens nicht ernst genommen ist, weder für sich noch für den anderen. Entscheidend ist der die innere Reifung im Verborgenen vorantreibende Drang des Wesens, Einlaß zu finden im Bewußtsein des Menschen. In den meisten Fällen wird das Wesen aber auch Tore, die schon offen sind, nur durchschreiten, wenn es gerufen wird. So sieht der Meister seinen Schüler. Am Glanz seines Auges, an der Klangfarbe seiner Stimme, am Fluß seiner Gebärden erspürt er Eigenart und Standort seines Wesens auf dem Wege zu seiner Bekundung im leibhaftigen Selbst. Vorab auf dieses Wesen ist er gerichtet, und jedes Mittel ist ihm recht, es anzusprechen von Wesen zu Wesen und im anderen zum Anklingen zu bringen. Aus dieser Beziehung von Wesen zu Wesen, in dem er im Grunde eins ist mit seinem Schüler, kommt ihm der Reichtum seiner immer originären Einfälle und ebenso die Kraft zu einer überpersönlichen Liebe, deren Strahlung und Strenge das Wesen des anderen immer aufs neue herausruft (VII).

Groß steht das *Alles* oder *Nichts* über der Schwelle, über die der Schüler den Raum der Übung betritt. Alles läßt er zurück, nur dann auch kann er begreifen, daß es nicht Willkür ist, die ihm im Meister begegnet, sondern schauende Weisheit, die, stracks auf sein Wesen gerichtet, jedes Mittel ergreift, um es zum Leben zu bringen; denn der Sinn des ihm immerzu zugemuteten Sterbens ist nicht der Tod, sondern das LEBEN, das jenseits von Leben und Tod ist.

VII

Meditation und meditatives Leben

Der Sinn meditativer Übungen

Es werden heute vielerlei Übungen gemacht, die scheinbar meditativen Charakter haben: Entspannungsübungen, Stilleübungen, Hatha-Yoga, transzendentale Meditation, autogenes Training, Za-Zen u.a. Unter welcher Überschrift solche Übungen auch laufen mögen, man muß immer fragen: Aus welchem Grunde und zu welchem Zweck werden sie faktisch gemacht? Der Sinn ist, sieht man genauer hin, fast durchweg ein praktischer! Der Übende sucht in ihnen die Wiederherstellung von irgendwelchen Schäden, die sein allzu unruhiges und hartes Leben ihm eingetragen hat. „Übungen" sollen dazu helfen, den Menschen wieder gesund, erfolgreich, leistungskräftig, „fit" zu machen. Sie sollen ihn befähigen, den Forderungen der Welt reibungslos zu entsprechen, die Angriffe der Welt siegreich abzuschlagen, den Streß ohne Krampf auszuhalten, Hetze und Lärm zu ertragen, ohne krank zu werden, sich von Überforderungen zu erholen usw. Das alles ist sehr natürlich und verständlich und kann auch nützlich sein, vorausgesetzt, daß das Geübtsein im Entspannen nicht – wie es einmal ein Übender ausdrückte – „doch wichtig sei, damit man sich dann wieder den Rest des Tages weiter verspannen kann, ohne krank zu werden". Dann freilich reihen sich Entspannungsübungen nahtlos ein in das Ganze all jener Mittel, die bisweilen der Sinn moderner Industrieerzeugnisse zu sein scheinen: In immer größerem Ausmaß Mittel herzustellen, die den Menschen befähigen, schmerzlos in seiner Fehlhaltung zu bleiben! Dann wird das Ganze teuflisch. Leiden wird zur Rechtfertigung von Fehlwegen.

Übungen haben mit dem *Weg* nichts zu tun, sofern sie, was

die Regel ist, in einem *pragmatischen* und nicht in einem *initiatischen* Sinn geübt werden, das heißt der Selbsterhaltung des äußeren Menschen und nicht der Entwicklung des inneren Menschen dienen. Daher hat, wenn von „Übungen" die Rede ist, die Frage: „*Wie* wird geübt, zu welchem Zweck wird geübt und *wer* übt?" den Vorrang vor der Frage: „*Was* wird geübt?" Dies gilt auch im Hinblick auf eine Form der Übung, die immer mehr Verbreitung findet, die Übung der Stille.

Immer häufiger kommen Menschen zusammen, einfach um miteinander still zu sein, still und unbeweglich miteinander zu sitzen – so z. B. zur Übung des Za-Zen, oder auch, ohne besondere Haltungsanweisung, einfach um still zu sitzen. Ob in diese Übung Gegenstände der Besinnung hineingenommen werden, ein Wort, ein Bild, ein Gedanke, oder nicht, die Hauptsache ist das Still-Sein.

Es kann kein Zweifel bestehen, daß diese Übung etwas Besonderes darstellt und heilsam ist, heilsam in einem tiefen Sinn des Wortes. Sie hilft, den Menschen wieder *ganz* zu machen. Auch weitergehende Übungen der Meditation sollten immer mit dieser Übung der *Unbeweglichkeit des Leibes* beginnen. Das Können kann hier zu einer Kunst werden, deren Bedeutung weit über den Segen hinausgeht, den sie für den Körper darstellt. Als Übung des Leibes, der man ist, dient sie dem Ganzwerden der Person.

Das Aushalten der Unbeweglichkeit des Leibes hat zunächst sehr enge Grenzen. Fünf oder gar zehn Minuten erscheinen dem Anfänger als eine Ewigkeit. Je mehr er dann die Zeit der Unbeweglichkeit verlängert, um so näher rückt der Augenblick, in dem er nicht mehr kann und explodieren möchte. Er gerät in Angst, in Zustände, die er nur mit Gewalt niederhalten kann oder in einen Sog, in dem er das Bewußtsein zu verlieren fürchtet, und rechtzeitig kommt dann irgendein Kitzeln im Hals oder eine Neigung zu niesen, ein Zwang zu husten oder ein unerträglicher Schmerz, der dann die scheinbar legitime Erlaubnis gibt, die schließlich zum „Krampf" gewordene „Stille" wie mit einem bedingten Reflex zu unterbrechen oder zu beenden. Wenn hingegen im Fortgang des Trainings zur Unbeweglichkeit diese Art Störungen überwunden werden und der Übende ohne Schwierigkeit fast unbegrenzt und ohne dabei einzuschlafen, unbeweglich sitzen kann (es gibt auch die Übung des unbeweglichen Stehens im Hara) – dann kann das der Auftakt zu tiefer greifenden Auswirkungen sein, *wenn* die Übung im rechten Geist vollzogen wird. Aber eben hier muß man wieder fragen: Zu welchem Ende wird denn die Stilleübung gesucht? Drei Motive gibt es, die menschlich und sehr natürlich sind, aber doch den initiatischen Sinn verfehlen:

1. Der Übende sucht eben nichts als die Stille, das heißt *auszuruhen vom „Lärm"* der Welt oder darüber hinaus die Verfassung zu gewinnen, in der er, ohne selbst die innere Stille zu verlieren, dem inneren oder äußeren Lärm seines Lebens Stand halten kann. Das ist ein verständliches Anliegen. Seine Erfüllung aber dient nur – besonders, wenn sie ohne Bereinigung des Unbewußten geschieht – der Glättung und Erhaltung der derzeitigen Fassade des Welt-Ichs. Das aber ist nichts für den, der über die Grenzen seines Ich-Horizontes hinausstrebt, ja, es kann wie alles, was die Möglichkeit zu reibungslosem Leben in der Welt erleichtert, auch den Aufbruch in das andere Reich verzögern oder gar verhindern.

2. Der Mensch sucht in den Stille-Übungen, welcher Herkunft sie auch sein mögen, *schöne Erlebnisse.* Das ist wiederum ein sehr verständliches Anliegen, und doch blockiert ebendieses Anliegen den tieferen Segen, der in einer im rechten Geist vollzogenen Meditationsübung enthalten sein kann. Der Mensch unserer Tage ist in seiner Getrenntheit vom Wesen im Exil. So ist er auf der Suche nach seiner eigentlichen, seiner unendlichen Heimat, die erst nur jenseits der Grenzen seiner endlichen Daseins- und Bewußtseinsordnungen beginnt – und erst wenn er sie gefunden hat, dann auch *innerhalb* dieser Grenzen entdeckt werden kann. Gewiß tut sich die Präsenz der Urheimat im Erleben auch in beglückenden Erlebnisqualitäten kund. So ist es verständlich, daß ihm jedes Mittel recht erscheint, die Grenze seines profanen Erlebnisvermögens zu überschreiten. Und das ist mit den „schönen Erlebnissen" gemeint, so wie sie heute in der Droge, im „Trip", im ekstatischen Tanz, wie immer schon im Alkohol und in der Sexualität und nun auch in Stille-Übungen gesucht werden. Die Verführung hierzu kommt auch nicht zuletzt durch die

Lektüre von Schriften, in denen, besonders in der Darstellung östlicher Meditationspraktiken, von ekstatischen und wunderbaren Zuständen berichtet wird, von Samadhi, Satori u.a., und der Laie nun denkt, daß solch alle Grenzen sprengende, über alle Maßen beglückende Erlebnisse das Hauptversprechen seien, das Meditationsübungen enthalten. So sieht er in der Erfüllung dieses Versprechens ihren eigentlichen Sinn. Doch dies ist weit gefehlt!

So wie die große Ruhe ein Ergebnis langer Übung sein *kann*, so *kann* auch beim meditativen „Üben" einmal ein beglückendes Erlebnis kommen – doch dieses zum Sinn der Übung zu machen geht an dem Sinn vorbei, den der sucht, der wirklich das andere Reich meint: am initiatischen, der Verwandlung meint.

3. Ein drittes Anliegen treibt den Menschen unserer Tage zu angeblich meditativen Übungen: die Ausbildung *„höherer Fähigkeiten"*. „Doch was hat das schon mit dem *inneren Weg* zu tun?" Mit dieser Frage beantwortete mir ein östlicher Meister meine Frage, was er von den Wunderleistungen der großen Fakire halte. „Es wäre ein Wunder", so sagte er, „wenn Menschen, die sich seit Jahrzehnten, vielleicht von Kindheit an, ja vielleicht in der Familie seit Generationen in der Ausbildung ‚höherer Fähigkeiten' übten, schließlich nicht Leistungen vollbrächten, die für den Ungeübten als Wunder erscheinen! Aber was hat das schon mit dem inneren Weg zu tun? – Umgekehrt, wenn einer auf dem inneren Weg voranschreitet zu immer höherer Stufe, dann wird er am Ende auch Dinge vermögen, die anderen als Wunder erscheinen, – aber dies geschieht so nebenbei, meist im verborgenen. Ebendarin bekundet sich der Meister. Vielleicht bedient er sich auch einmal bewußt des Wunders, um den anderen zu wecken, aber dann verzichtet er auch wieder darauf, auf daß der andere nicht auf den falschen Weg gerate, auf dem er von Anfang an sucht, was ihm erst am Ende des Weges als Frucht langen Reifens zusteht und so nebenbei zufallen mag." So ist es also: „Höhere Fähigkeiten" können bei langer Übung der großen Stille entstehen, aber ihre Entwicklung darf nicht der Sinn des Übens sein. Denn dann steht das Üben letztlich doch im Dienste des machtbegierigen Welt-Ichs, und ... der Weg ist verfehlt. Denn auch, wenn der Mensch seine Macht zu guten Zwek-

ken auszuüben im Sinn hat, er vermag dieses ohne Schaden „für seine Seele“ erst dann, wenn sein Lust und Macht suchendes Ich einmal im Zeichen des Lebens zurückgetreten ist.

Diese Feststellung schließt nicht aus, daß die Übung übersinnlicher Fähigkeiten, wie z.B. der Telepathie, des Fernsehens, das heißt die Ausbildung einer natürlichen Gabe, die einige Menschen mehr besitzen als andere – und die heute in schnell fortschreitendem Maße von den militärischen und politischen Geheimdiensten in aller Welt gefördert wird –, auch für den inneren Weg nützlich sein kann, und zwar aus folgendem Grund: Die Bewährung aller übersinnlichen Fähigkeiten hat eine vorübergehende Ausschaltung des gegenständlich fixierenden „dualistischen“ Bewußtseins zur Voraussetzung. Weil die Fähigkeit zur Überwindung der Vorherrschaft des gegenständlichen Bewußtseins eine Grundvoraussetzung für das Voranschreiten auf dem Wege in die andere Dimension ist, kann jede Übung des nichtgegenständlichen Bewußtseins förderlich sein. Der Sinn solcher Übung ist dann aber die Verwirklichung einer für den initiatischen Menschen wichtigen, weil der Transparenz für Transzendenz fördernden Bewußtseinsform, nicht aber die Fähigkeit des Hellsehens oder Fernfühlens als solche.

Meditation

Meditation als Übung auf dem geistlichen Wege erfüllt ihren Sinn nur als Übung zur Verwandlung! Der Sinn der Meditation als einer Verwandlungsübung ist eine Verfassung, in der der ganze Mensch als Geist, Seele und Leib durchlässig wird für das ihm in seinem Wesen innewohnende göttliche Sein, fähig, sich seiner inne zu werden in seinem Erleben und durch sich offenbar werden zu lassen in der Welt. Der Sinn der Meditation als Verwandlungsübung ist die zum Sein hin gewährleistete Durchlässigkeit der Person – auf daß das Sein in ihr und durch sie hervortönen (personare) kann in der Welt. Person meint eine zum göttlichen Sein hin durchlässige Form, eine geformte Durchlässigkeit des ganzen Menschen zur Bezeugung seines göttlichen Ursprungs in seinem endlichen Dasein.

Im herkömmlichen Sinn versteht man unter Meditation eine geistliche Übung, in der der Übende sich auf ein heiliges Wort, ein Bild, eine Stelle aus der Heiligen Schrift, kurz, auf einen gegenständlich gegebenen Inhalt konzentriert und ihn in besonderer Weise und Haltung betrachtet. Meditation als gegenständliche Betrachtung, das heißt eingehende Beschäftigung mit einem zu vertiefter Einsicht und zu vertieftem Vollzuge aufgegebenen „Inhalt" ist und wird immer eine Weise der „Meditieren" genannten geistlichen Übung sein. Entscheidend ist aber die Frage, was solche Meditation im Meditierenden bewirkt.

Soll Meditation wie jede geistliche Übung den Menschen fördern auf dem Wege seiner Einswerdung mit dem Großen Geheimnis, so muß an diese Meditation wie an jede andere Übung die Frage gestellt werden, ob sie den Menschen durch eine vertiefte Einsicht nur bereichert oder ob sie ihn wirklich *verwandelt*.

Und da müssen wir uns fragen: Wie kann es geschehen, daß ein Mensch, z.B. ein Mönch, jahrelang „gegenständlich" meditiert, ohne sich wirklich zu verwandeln, das heißt, ohne den Durchbruch zum Wesen zu finden, und andererseits ein Mensch, dessen Meditieren im Zeichen der Verwandlung steht, in einer Meditation, die die Phase gegenständlicher Konzentration überschreitet, bisweilen einer Veränderung seiner Gesamtverfassung unterliegen kann, so daß, wenn er aus der Meditation kommend die Augen aufschlägt, ein vor ihm liegender Stein anfängt, von innen zu leuchten! Warum? Weil ihm in dem Freiwerden von allen ihm gegenständlich – das heißt von „außen" – gegebenen Inhalten das innere Auge, das Wesens-Auge, aufging! Was aber ist hier geschehen? Nichts anderes, als daß ein Gegenstand, ein Stein, kraft der im Menschen vorgegangenen Verwandlung jetzt erst in dem in seiner Gegenständlichkeit verborgenen Wesen erglüht! Das kann auch einem Bild, einem heiligen Wort widerfahren. Das bedeutet aber doch, daß die Gegenüberstellung von gegenständlicher und ungegenständlicher Meditation im Sinn einer unüberbrückbaren Gegensätzlichkeit auf einem Mißverständnis beruht und daß die Verdächtigung der ungegenständlichen Meditation, die über die Leere geht, als nur „östlich" fehl am Platze ist und daß die Forderung, christliche Meditation müsse ohne Unterbrechung am gegenständlichen Bezug festhalten, abwegig ist. Es ist umgekehrt: wenn es der christlichen Meditation wie christlicher Haltung überhaupt darum zu tun ist, die uns in der Gegenständlichkeit der uns umgebenden Welt gegebene und aufgegebene Schöpfung *wahr* zu nehmen und aufzuschließen als Gottes verhüllte Präsenz, so kann das doch nur eine Weise des „Wahrnehmens" meinen, in der der Wahrnehmende durch die Oberfläche der Erscheinung hindurch an das Verborgene und in der Verborgenheit Erscheinende, an das ewig ungegenständliche Wesen, an das „Wort" des gegenständlich Gegebenen herankommt, es gleichsam, für den Erlebenden, aus der Gefangenschaft seiner gegenständlichen Hülle befreit, indem es diese durchlässig macht für den eigentlichen Kern. Dieses aber vermag das gewöhnliche, das nur gegenständlich blickende Auge nicht.

Solange der Mensch nicht einmal aus der Form seines natürlichen, das heißt gegenständlichen Bewußtseins herauskommt, dessen er zur Bewältigung seines In-der-Welt-Seins bedarf, das ihn aber, wo es ausschließlich herrscht, vom Wahrnehmen des Überweltlichen in den Dingen abhält – so lange kann er nicht in wahrhaft „christlicher", das heißt das *Wort* in ihnen wahrnehmender Weise, an sie herankommen. Dann bleibt auch das „Einander Begegnen in Christo" eine unerfüllbare Forderung oder eine leere Formel. An das Wesen in den Gegenständen vermag er nur in dem Maße zu gelangen, als er, zunächst einmal in sich selbst im Leerwerden von allen Inhalten, im Ledigwerden von allem Etwas – Bildern, Gedanken, Wünschen, Vorstellungen – empfänglich wird für die Berührung durch den „heiligen Geist", den Augenöffner und Bereitmacher schlechthin. Weil das heute begriffen wird, gewinnen die Stille-Übungen des Zen, das Za-Zen, fortschreitende Verbreitung. Die in ihnen gesuchte Leere ist kein östliches Privileg. Der Unterschied ist nur der, daß für den Buddhisten die Begegnung und Einswerdung mit dem WESEN (dort Buddhanatur genannt) das Letzte ist, für den Christen dagegen die Erfahrung dessen, was er dann auch in der Welt bezeugen, das heißt entdecken, befreien und zum Prinzip seines Lebens, Liebens und Gestaltens in der Welt machen darf und soll (VI). Einswerdung im Wesen ist dann ein Durchgang, nicht das Ende.

Zwei Worte mögen uns auf diesem Wege begleiten, das Wort eines östlichen Meisters und ein Wort von Novalis. Jener sagte, nach dem Besonderen Östlicher Weisheit befragt: „Weisheit schaut nach innen, das gewöhnliche Wissen nach außen. Wenn man aber nach innen schaut, wie man nach außen blickt, macht man aus dem Innen ein Außen." Dies Wort kann man nicht ernst genug nehmen! „Nach außen" – das heißt eben „gegenständlich"! Was in echter Weisheit sich niederschlägt, ist aber etwas, das sich, und zwar „inständlich", nur öffnet, wenn man es nicht a priori gegenständlich sucht. Diese Einsicht muß folgerichtig weitergedacht werden: daß man lernen muß, nach außen zu schauen, wie man nach innen schauen *sollte* – inständlich und ungegenständlich – damit man des Wesens in den Gegen-Ständen ansichtig werde. Es geht also um ein Innen im Außen, um das in allem Außen vorhandene Innen. Und fortan geht es dann auch um ein im Hinblick auf ein Innen wahrzunehmendes Außen.

Das Wort von Novalis lautet: „Alles Sichtbare ist ein in einen Geheimniszustand erhobenes Unsichtbares". Dieses Wort läßt sich variieren: „Alles Hörbare ist ein in einen Geheimniszustand erhobenes Unhörbares. Alles raumzeitlich Gegebene ein in einen Geheimniszustand erhobenes Überraumzeitliches. Alles Weltliche, Endliche ein in einen Geheimniszustand erhobenes Überweltliches, Unendliches – und eben diesem in einen Geheimniszustand Erhobenen ist der Mensch kraft seines unendlichen Ursprunges zugeordnet! Und so wahr und wunderbar der Satz über das Beten ist: *„Beten ist der Ausdruck der unendlichen Sehnsucht des endlichen Wesens nach seinem unendlichen Ursprung"*, so wahr und unabweislich ist die Forderung, daß der zum Weg Berufene den Auftrag hat, das Unendliche im Endlichen zu suchen, zu finden und zu bezeugen. Die Verwandlung zu der Verfassung, in der der Mensch das vermag, das ist der Sinn der Großen Meditation und, von ihr nicht ablösbar, des meditativen Lebens!

Meditatives Leben

Das Unendliche im Endlichen zu bezeugen – das hat eine auch nur in meditativer Grundhaltung zu gewinnende Einsicht zur Voraussetzung: daß die ganze „Welt", die wir erfahren, in ihrer Mitte wir selbst, wahrgenommen werden kann als ein unendlicher Versuch des Unendlichen, im Endlichen zu erscheinen! Jedes Ding, jede Blume, jeder Baum, jedes Tier, jeder Mensch, als das, was ist und lebt, ist prall von der Kraft des LEBENS, das offenbar werden will ohne Unterlaß, in ihm hervorkommen und erscheinen in besonderer Gestalt. Irgendwann einmal kann der zum Wesen Erwachende in einer ihn zugleich bestürzenden und beglückenden Sternstunde als Gewißheit erleben, daß auch er teilhat an diesem LEBEN, das als das Göttliche selbst in ihm und durch ihn sich fortzeugen möchte in einmaliger menschlicher Weise. Was soll sonst der Satz, daß wir Gottes Söhne *sind*, bedeuten, als mögliche *Erfahrung*, *Verheißung* und *Auftrag*? Als Gottes Söhne sind wir *selbst* das der „Welt" gegenüber ganz Andere und zugleich das in ihr Gestalt gewinnende LEBEN. Wir sind es also nicht im Gegensatz zu ihr, sondern berufen, uns in uns, an ihr und in ihr zu bewähren *als* das erst in der Verhüllung gehaltene, aber zum Offenbarwerden bestimmte „ganz Andere". In dem zum Weg Erwachten ist das kein frommer Satz, sondern blutwarmes, seinen Tag wie seine Nächte durchpulsendes Wissen – als Erfahrung, Verheißung und Auftrag.

Das uns eingeborene Unendliche in seinem Drang, im Endlichen zu erscheinen, das ist unsere wahre Mitte! Zu ihr hin *aufzugehen*, sie in der Fühlung zu *bewahren*, auf sie hin und von ihr her zu *leben*, mitten *in* der Welt, mitten in dem, was uns die

Mitte verbirgt, das ist der Sinn des Meditativen schlechthin. Und das ist nicht auf gesonderte Übung, geschweige auf das Stillsitzen in Meditation beschränkt. Das Meditative ist vom nichtmeditativen In-der-Welt-Sein nicht unterschieden, als ein Nichts-Tun vom Tun. Es erscheint vielmehr als ein Nicht-Tun im Tun, ein stilles in Fühlung- und Verantwortungbleiben zum Sein hin, auch mitten im lärmenden Leisten. So nur kann auch Schwertfechten, Bogenschießen, Bildhauern, Bäumefällen ein meditatives Tun sein, und „jede Situation wird", wie ein altbuddhistischer Satz sagt, „zur besten aller Gelegenheiten", zu zeugen von der Treue zum Sein mitten im Dasein, in der Weise also, „jeden Augenblick zu leben als ein Stück der Ewigkeit".

Die fünf Stufen

Wenn der Schüler auf dem initiatischen Weg es vermag, sich richtig im Leibe wahrzunehmen, den rechten Schwerpunkt, das rechte Verhältnis von Spannung und Entspannung und den rechten Atem begriffen hat und zulassen kann, dann ist er bereit, über den Leib die Verwandlung einzuleiten, um die es auf diesem Wege geht: die Verwandlung zu der für das Wesen *durchlässigen Form*. Dies ist auch der eigentliche Sinn aller geistlichen Übung, und insbesondere der Übung der Meditation.

Die Erfahrung lehrt, daß die auf dem initiatischen Wege gemeinte Form des Personseins das Ergebnis einer Verwandlungsbewegung ist, die, schematisch gesehen, sich in fünf Schritten vollzieht.

1. Der erste Schritt betrifft das Freiwerden von der Herrschaft des sich in seinen Positionen festhaltenden Welt-Ichs. Dies erfordert als erstes ein Loslassen von allem, womit das der Welt zugewandte Ich eins ist, alles, woran es festhält. Der Mensch muß sich loslassen mit seinen theoretischen und ethischen Vorstellungen und Ordnungen. Er muß den Eigenwillen dreingeben und auch jenes Herz, dessen Liebe in einem Haften besteht. Diesem *Loslassen* (im Leibe meint dies das sich „oben", d.h. in den Schultern, Loslassen) folgt das sich woanders (im Leibe im Becken) *Niederlassen*. Dieses Niederlassen mündet in einem vollen sich Einlassen und vertrauensvollen *Einswerdenlassen* mit dem „Grund"! Der Grund, in den der Mensch sich zu lassen hat, nimmt ihn auf nur in dem Maße, als er im *Hara* ist. Hara bedeutet dann auch das Becken, die Schale, die das Loszulassende und den sich Loslassenden aufnimmt und verwandelt.

Die im Hara sich vollziehende Verwandlungsbewegung hat in sich selbst drei Schritte: 1. Das Aufnehmen des sich Loslassenden in der *mütterlichen Schale*, 2. das sich nach unten hin Öffnen im Becken, das das Einströmen der kosmischen Mächte erlaubt, wodurch die Reinigung von allen gegenständlichen Inhalten im Einswerden mit der Großen Natur sich vollzieht. Das ist die Funktion von Hara als *kosmischer Schale*. 3. Im Ledigwerden von allen Dingen entwickelt sich die wiederum nach oben gewandte *jungfräuliche Schale*, deren Innesein den Menchen öffnet zum Empfangen des „geistlichen Geistes". Diese drei Schritte der Entwicklung von Hara von der mütterlichen über die kosmische zur jungfräulichen Schale bilden zusammen den ersten Schritt in der initiatischen Verwandlungsbewegung, wie sie in der Meditationsübung des dem Leerwerden dienenden Sitzens geübt wird.

2. Der zweite Schritt ist die Erfahrung des Einströmens des geistlichen Geistes: Erleben eines alles neu ordnenden Lichtes, geladen mit Formkeimen eines neuen Lebens, Einswerden mit einem Geist, der jenseits aller gewohnten Ordnungen, Bilder, Gedanken und Vorstellungen den nun Empfangsbereiten befruchtet.

3. Die Frucht dieser Einswerdung von „Himmel und Erde" ist – und so vollzieht sich der dritte Schritt – die Erfahrung des *Neugeborenwerdens als Kind Himmels und der Erde*. Der „Ort" dieser Erfahrung ist das *Herz*. Es ist nicht das „links" sitzende Herz, das haftet, sondern das Herz in der Mitte, das den Freigewordenen, zu sich selbst Gekommenen verkörpert. Mit dieser Erfahrung, wo sie eintritt, scheint der Gipfelpunkt des Möglichen erreicht zu sein. Der Mensch fühlt sich neugeboren, wirklich *Sohn* des Himmels, zu sich selber gekommen im Wesen. Wie verständlich ist es, daß ihn hier der Wunsch beseelt, für sich zu bleiben, abgeschirmt gegen alle Störung durch die dem Überweltlichen entgegengesetzte Welt. Doch hier gerade ist etwas anderes gefordert, denn dieses Verwandlungserlebnis erzeugt noch keinen Verwandelten, eine Erleuchtung gebiert noch keinen Erleuchteten.

4. Schalenlos und schwach, wie der Neugeborene ist, kann er seinen Auftrag in der Welt noch nicht erfüllen – ein Engel hat

noch nie die Welt verändert. Um fähig zu werden, sich als „Sohn Gottes“ in der Welt zu bewähren, muß der Mensch nun – und das ist der vierte Schritt – planmäßig an der Verwandlung arbeiten. Dazu muß er zurück „in die Welt“, muß die Zerstörung des eben Gewonnenen wagen, muß, im Bilde gesagt, den Drachenkampf aufnehmen und sich, im Drachenblut badend, zum Kampf mit allen Erscheinungsformen des Widersachers in der Welt erhärten. Das „Dunkle“, dem der Neugeborene, d.h. zum Wesen Erwachte, sich stellen muß, ist auch der eigene Schatten. Nirgends begegnet der Mensch den Dunkelheiten seiner Seele so unausweichlich und mit so erschreckender Deutlichkeit als im Spiegel des ihm aufgegangenen göttlichen Lichtes.

5. Die Frucht dieser Integration der „dunklen Welt“, des vierten Schrittes, der „Quaternität“ (C. G. Jung), ergibt, d. i. der fünfte Schritt als Quintessenz: das in der Begegnung mit dem Dunklen „draußen“ und „drinnen“ *gehärtete Herz*, kraft dessen erst der Mensch fähig ist, als homo faber höherer Ordnung seinen Auftrag, das Sein im Dasein zu bezeugen, zu erfüllen. Der initiatische Weg mündet für den christlichen Westen nicht im erlösenden All-EINEN, sondern durch dieses hindurch in der in ihm vom Ich-Bann befreiten, zur individuellen Bezeugung ihres himmlischen Ursprungs befähigten Voll-Person.

* Vgl. J. W. Klein, „Ihr seid Götter“, Neske-Verlag 1967.

VIII

Felder der Bewährung

Der Alltag als Übung

Das Hauptfeld der Bewährung öffnet sich auf dem Weg, sobald der Mensch bereit und wirklich entschlossen ist, sein Leben in der Welt im Zeichen seiner Bestimmung zu führen, das heißt im Dienst am überweltlichen Sein zu leben. Er soll fortan seinen unendlichen Ursprung in seinem endlichen Dasein bezeugen. Er muß begriffen haben, daß er nur in der Treue dieses Dienstes heil werden kann. Solange er nur seiner Sicherheit, seinem Glück und seinem Dienst an der Welt lebt, kann er das Rechte nicht finden. Nur wenn es ihm in *allem* Erkennen, Wirken und Dienen um das Offenbarwerden des LEBENS in der Welt geht, gelangt er auf den Weg. Und dann verwandelt der Alltag sich zu einem einzigen Felde der Übung. Solange der Mensch in der Übung etwas für sich sucht, was es auch sei: Gewinnung höherer Fähigkeiten, schöne Erlebnisse oder auch Gelassenheit, Harmonie oder selbst sein eigenes Heil, aber auch wo es ihm um Werkvollendung ohne Bezug zum Sein geht, verfehlt er den Weg.

Alltag als Übung bedeutet immerzu Einkehr und Umkehr, Loslassen der Welt und Zulassen des Wesens. Und wenn wir den innersten Kern unseres Selbst einmal fühlen und in uns das Wesen erwacht – dann spüren wir auch das Wesen der Dinge, und mitten im weltlichen Dasein begegnet uns allenthalben das Sein.

Wenn das Wesen ins Innesein tritt, fühlen wir uns anders. Wir sind gelöst und befreit, geladen mit Kraft, hell und erfüllt von zeugendem Leben. Was uns eben noch Last war, verliert sein Gewicht; was uns eben noch in Angst warf, bedrängt uns nicht mehr. Was uns in Verzweiflung warf, verliert seinen Stachel. Wo alles verstellt war, scheint nun alles offen. Wo wir eben noch arm waren, fühlen wir uns reich, und mitten im Lärm wird es in uns seltsam friedvoll und still. Wir fühlen uns wie getaucht in ein unsichtbares Licht, das uns hell macht und warm, und befinden uns in einem alles durchschimmernden Glanz. Das alles kann schlagartig da sein, doch ebensoschnell wieder verschwinden. Wir können es nicht machen noch halten, aber wenn wir recht hingehorcht haben, können wir uns der Haltungen innewerden, die solche Erfahrungen verhindern, und ebenso jener anderen, die uns für solches Erleben bereiten, und uns in diesen üben, nicht nur in besonderen Stunden – den ganzen Tag!

Die Welt, in der wir leben, ist nicht das Jammertal, das uns von den Gipfeln des Göttlichen fernhält, sondern die Brücke, die uns mit ihm verbindet. Wir müssen nur die Bewußtseinsnebel, die uns die Sicht zu ihm nehmen, durchlichten und die Mauern einreißen, die uns den Weg zu ihm versperren. Das ist der Sinn der Forderung, den Alltag als Übung zu leben. Dazu bedarf es keiner besonderen Zeit. Jeder Augenblick ruft uns zur Besinnung und zur Bewährung. Und es gibt kein Tun, welchem äußeren Zweck es auch diene, das für uns nicht die Chance enthielte, uns immer tiefer in die Wahrheit zu geben. Was immer wir tun, ob wir gehen, stehen oder sitzen, ob wir schreiben, sprechen oder schweigen, ob wir angreifen oder uns verteidigen, helfen oder dienen, welchem Werk es auch sei – alles und jedes birgt in sich die Chance, es in einer Haltung und Einstellung zu vollziehen, die immer mehr die Fühlung mit dem Sein bezeugt, herstellt, festigt und so dem Zunehmen an *Transparenz* für *Transzendenz* dient.

Wo der Alltag gelebt wird als Übung, dreht sich in jedem Augenblick das „Rad der Verwandlung“ so wie in jeder geistlichen Übung, die ihren Sinn nicht verfehlt, in fünf Schritten nach dem gleichen Gesetz: 1. Bewährung der kritischen Wachheit, 2. Hergeben und Hingeben dessen, was dem Durchlässigwerden im Wege steht, 3. Einswerden mit dem verwandelnden Grund, 4. Neuwerden aus dem ihm entsteigenden Inbild, 5. Bezeugung und Bewährung im Alltag (deren Nichtgelingen wiederum von der kritischen Wachheit bemerkt wird).

Jedes Teilstück dieser Drehung dient in seiner Weise dem Entstehen der Verfassung, in der der Mensch fortschreitend transparent wird für das Sein. Keiner der Schritte darf fehlen. In jedem sind, wenn er wirklich vollzogen wird, alle anderen Schritte enthalten. Und doch hat jeder Schritt seinen eigenen Sinn. So tut der Anfänger – und wer bliebe es nicht Zeit seines Lebens – gut daran, sei es im Alltag oder in besonderen Stunden des Übens, den Schwerpunkt bald auf diesen, bald auf jenen Schritt zu legen. Eines jedoch darf nie aus dem Sinn kommen: daß es Verwandlung nur gibt, wo das Rad der Verwandlung in Bewegung bleibt. Jeder Schritt wird fruchtbar nur innerhalb der fortgesetzten Drehung des Rades. Reifen meint ewigen Umschwung.

Die Kraft zu der nie zu unterbrechenden Drehung kommt nie aus dem einen „Erlebnis", darin das Sein uns in besonderer Stunde erlösend und verpflichtend ergriff. Vielmehr muß der Sinn des erlebten Antriebes, „das Sein im Dasein zu bezeugen", immer neu von uns erkannt und ergriffen werden, seine Erfüllung in immer neuer Entscheidung bejaht, im Gewissen gegründet und in den Willen aufgenommen werden. Und nur aus der Treue zur „Verwandlung ohne Aufenthalt" gibt es existentiell gültige Wachheit, Loslassen, Hergeben, Einswerden, Neuwerden und Bezeugung im Alltag (VI).

Mitmenschlichkeit

Der Unwissende stellt häufig die Frage: ob der „innere Weg", auf dem der Mensch „nach innen gekehrt" sich um sein Wesen bemüht, immer wieder die Fühlung mit ihm zu finden und unter allen Umständen zu wahren sucht – ihn nicht in einer Weise in sich selber kehrt, daß er keinen Sinn mehr hat für das, was um ihn herum geschieht, und mehr oder weniger egozentrisch Mitmensch und Gemeinschaft aus dem Auge verliert. Diese Frage allein beweist die Unerfahrenheit des Fragenden.

Das „Wesen", das auf dem initiatischen Weg in die Mitte des verantwortlichen Bewußtseins tritt, ist eben nicht jenes „Ego", das sich mit seinem „Ich bin ich und will es bleiben, mich vom anderen unterscheidend und mich gegen ihn entscheidend", von allem absetzt, sondern die Weise, in der man an dem in allem lebendigen Einen teilhat. So erwacht gerade in dem Maße, als das „Wesen" im und als Innesein aufgeht, mit dem Innewerden des Einsseins im Wesen im Verhältnis zu Mitmensch und Welt das Bewußtsein des Miteinanderverbunden- und Aufeinanderangewiesen- und einander Aufgegebenseins – aber freilich auf einer neuen, das heißt der initiatischen Ebene! Gewiß, wenn jemand auf den initiatischen Weg kommt, wirklich auf ihm antritt, dann bedeutet das eine totale Umkehr, eine Wendung „nach innen", die ihn vielleicht auch für eine Weile die Einsamkeit suchen läßt. Aber es ist das uralte Mißverständnis, daß die große Umkehr sich in der Vollendung einer Persönlichkeit darstellen könnte, die egozentrisch und ohne Liebe in der Welt steht. Dagegen kann auch ein weltanschaulicher Materialist im ichlosen Dienst an der Gesellschaft aufgehen, mit dem Ziel größter Sicherheit und höchstem Wohlstand für die größte Zahl, kann also menschlich viel Gutes tun, und doch hat das gar nichts mit dem inneren Weg im Sinn des Initiatischen zu tun. Daß dieser sich *auch* in einer „ethisch" erscheinenden Lebensform manifestieren kann, besagt nicht, daß sie sein Wesen kennzeichnet. Recht verstandenes Christentum ist mehr als vollendete Sozialarbeit, und der Sinn von Christi Kreuz ist etwas anderes als ein zum Sinn des Lebens erhobenes „Rotes Kreuz".

Wenn jemand auf den inneren Weg kommt, das heißt aufgrund einer Wesenserfahrung mit einemmal begreift, was ihm eigentlich zuinnerst aufgetragen ist, dann ändert sich sein ganzes Leben. Als „Schüler auf dem Weg" ist er ein anderer geworden, sieht das Leben mit anderen Augen und also auch anders als bisher – das betrifft seine Mitwelt nicht weniger als sich selbst. Alles empfängt seinen Sinn und seine Bedeutung nur noch aus seiner Beziehung zum *Sein.* So werden bisherige Bindungen, Freundschaften, langjährige Bindungen zum großen Teil fragwürdig – Familie, Blutsverwandtschaft, weltliche Gemeinschaften verlieren an fraglos verpflichtendem Gewicht. Indem der vom Wesen Berührte und Gerufene fortan um eine neue Mitte kreist, zieht er sich von allem, was, daran gemessen, peripher ist, zurück. Dann erscheint er den anderen oft seltsam verändert, treulos und vielleicht nicht mehr ganz normal. Für den, der einmal den doppelten Ursprung seines Menschseins erfahren hat, seinen himmlischen Ursprung als Verheißung empfunden und angenommen als Auftrag, ändert sich das Verhältnis zu Mitmensch und Welt von Grund auf. Er teilt mit dem anderen weniger als bisher die Freuden und Leiden dieser *Welt,* aber er ist ihm zugesellt als Bruder auf dem *Weg* in das Reich, das nicht von der Welt ist! Das bedeutet: er steht mit dem anderen und für den anderen in der anderen Dimension, das heißt in der Erfahrung, in der Verheißung und im Auftrag ihrer Bezeugung in dieser Welt gerade auch im Miteinander des Lebens. „Mitmenschlichkeit" gewinnt einen neuen Sinn, wo der „himmlische Ursprung" des Menschen aufhört, eine Sache nur des frommen Glaubens zu sein.

Wer im Zeichen des Weges lebt, zieht unweigerlich andere an, die den Weg suchen; denn seine Weise, auf was es auch sei zu reagieren, im Gespräch auf diesen einzugehen, auf andere nicht, und auch seine Weise zu fragen, richtet die Aufmerksamkeit des anderen unwillkürlich auf das, worauf es „im Grunde“ auch ihm ankommt, dessen er sich aber erst jetzt bewußt wird. Schnell erfährt sich der eine in der Gefolgschaft des anderen, und Wegsuchende werden bald zu Weggenossen.

Der Mitmensch! Dieses Wort hat für die zu Ende gehende „Neuzeit“ keinen guten Klang. Es widersprach und widerspricht einer von der Ratio beherrschten Welt. Ihr Geist ist hart und seelenlos, sachlich und ohne Platz für Gemüt. Für den kalten Geist unserer Zeit hatte „Mitmenschlichkeit“ etwas zu Warmes, Weiches, das nach Barmherzigkeit klingt. Es bedeutet etwas wie „Caritas“. Dieses Wort erzeugt Unbehagen, den einen, weil es ein schlechtes Gewissen bereitet, an etwas erinnert, das sie üben sollten, aber vernachlässigen; den anderen, weil sie keine Barmherzigkeit wollen, sondern nur das, was ihnen zusteht. Mitmenschlichkeit im neuen Sinn ist eine Verneigung vor dem anderen in seinem Wesen.

Der Mensch ist dialogisch gebaut. Menschliches Leben vollzieht sich als Anruf und Antwort. Aber es fragt sich: auf welcher Ebene? Wer ruft und wer antwortet? Wo der Mensch sich selbst im Wesen neu, das heißt auf neuer Ebene entdeckt, entdeckt er auch den Mitmenschen neu, als Partner und als Auftrag, als Weggenossen und als Bruder auf dem Weg. Wer vom Weg noch nichts weiß, für den vollzieht sich Anruf und Antwort nur auf der Ebene der „Welt“ und ihrer Anliegen und Nöte. Daß aber diesem Ruf-Antwort-Verhältnis ewig ein- und übergeordnet ist der Heraus- und Heimruf Gottes: „Adam, wo bist du?“, und der Mensch nur als Antwort auf diesen Ruf ganz Mensch und ganz Mitmensch wird, – das erkennen nur die, denen das „innere Ohr“ aufgegangen ist. Erst wo im Verhältnis von Mensch und Mitmensch das überweltliche Leben der sinn- und richtunggebende Faktor wird, kann das Verhältnis von Mensch zu Mensch im tiefsten Sinn richtig und fruchtbar werden. Denn mitmenschliches Leben kann nur dort voll zur Erfüllung kommen, wo sein wahrer Sinn entdeckt ist: Im anderen – mitten in der Welt – das Überweltliche zu erschließen, das heißt Liebe zu üben, aber eine

Liebe, die nicht „lieb“ ist, sondern im Dienst des Seins befreit, fordert und fruchtbar macht. Das überweltliche Leben und seine Zeugen sind alles andere als „lieb“.

Mitmenschliches Verhalten bedeutet auf der Stufe des natürlichen Menschen, dem anderen zu helfen, die drei Grundimpulse des Lebens nach Sicherheit, Sinn und Geborgenheit in der Form zu erfüllen, die dem natürlichen Welt-Ich entspricht. Dies bedeutet: dem anderen zu einem gesicherten Leben zu verhelfen, ihm helfen, einen sinnvollen Platz im Dienst an Werk oder Gemeinschaft zu finden, ihn in der Not zu trösten und ihm zu helfen, Geborgenheit zu finden in der Liebe weltlicher Gemeinschaft. Jede Rolle oder Situation, in der der Mensch dem anderen begegnet, bietet Gelegenheit, dieser mitmenschlichen Aufgabe am weltlichen Dasein des anderen zu genügen. Man muß sie nur im Sinn haben.

Aber so wie der Mensch nicht identisch ist mit seinem Welt-Ich, sondern ganz er selbst erst wird, wo er bewußte Fühlung gewinnt zu seinem überweltlichen Wesen, so erfüllt sich echte Mitmenschlichkeit auch erst dort, wo sie sich im Zeichen des überweltlichen Wesens bewährt. Wir müssen klar unterscheiden zwischen der mitmenschlichen Aufgabe, die uns angesichts der Weltchancen und der Daseinsnot des anderen als dem schicksalsbedingten Welt-Ich zufällt, und der anderen, die uns im Hinblick auf das von diesem Ich überschatteten oder verdrängten Wesen des anderen und die ihm daraus erwachsende Not und Verheißung erwächst. So kann man in zweierlei Weise am anderen schuldig werden: als Schicksalsgenosse und als Bruder.

Mitmenschlichkeit im höheren Sinn aber bedeutet dann, einander in der Wahrheit unseres himmlischen Ursprungs zu erkennen und wahrzunehmen mit jener Liebe, die im Zeichen des heiligen, das heißt als überweltlich erfahrenen Geistes und seines uns innewohnenden Lichtes auch streng sein kann und hart im Zerschlagen von schönen Fassaden, die unter dem Vorwand, in der Welt reibungslos harmonisches Leben zu schützen, das Offenbarwerden des Überweltlichen verhindern (X).

Altwerden

In der Regel ist für den Menschen, der gebunden ist in den Verlockungen, Leiden und Verpflichtungen dieser Welt, das Überweltliche nur etwas, das in stillen Stunden hereinkommt oder in Grenzsituationen erscheint oder gerufen wird. Wo der Mensch in der richtigen Weise alt wird, weiten sich die Maschen des Netzes, das uns in nur weltlichen Bezügen festhält, und was vordem nur zusätzlich und selten hervorkam, dringt nun immer häufiger als das Eigentliche herein – vorausgesetzt, daß der alternde Mensch loslassen kann und das auf ihn Wartende zuläßt.

So tritt der doppelte Ursprung des Menschen in besonderer Weise dort in die Erscheinung, wo sein Altwerden nicht Altern, sondern Reifen bedeutet. Im Einswerden mit seinem himmlischen Ursprung verliert das raumzeitlich Bedingte an Bedeutung, und das Überraumzeitliche tritt hervor. Für den Menschen, der auf dem Wege ist, scheint durch die immer dünner werdende Wandung weltlichen Daseins das Überweltliche immer deutlicher hindurch. In der Weise, wie er hinschaut auf das Leben, mit Gelassenheit eingeht auf das, was es bringt oder nimmt, und in jeder Situation die Chance ergreift, einen höheren Sinn zu bezeugen, macht sich bemerkbar, daß bei ihm ein ganz anderes, höheres LEBEN an Boden gewinnt.

Überall, wo Leben noch oder wieder heil ist, ist es durchlässig für ein höheres Leben. Diese Transparenz für das in uns und durch uns zum Offenbarwerden drängende göttliche Sein, die letzthin das Ziel aller geistigen Entwicklung ist, wird für den alten Menschen, wenn er im Reifen bleibt, zum eigentlichen Sinn und schließlich einzigen Sinn seines Daseins.

Der Sinn des Alters hängt ebenso wie seine Würde nicht mehr an einem nach außen, in die Welt hineinwirkenden Tun, sondern an der Transparenz für das uns innewohnende göttliche Sein, das als ein inneres Licht, als überweltliche Kraft, Weisheit und Güte hervorleuchtet. Die Frucht gereifter Menschlichkeit ist der Segen einer Strahlung, die ohne alles Tun, jenseits von Tun oder Nicht-Tun, von einem Menschen ausgeht.

Im tiefsten Sinn sein Leben vollenden kann nur, wer bis zum Ende im Zunehmen und Reifen bleibt. Umgekehrt: Wo immer wir stehenbleiben und am Gewordenen, insbesondere auch an gewissen Vorstellungen haften, die wir uns einmal von unserem Leben und seinem Sinn gemacht haben, verschließen wir uns dem, was in uns und durch uns aus unserem tiefsten Wesen heraus ans Licht will. Verhärtet gegen die Sehnsucht unseres eigenen Herzens geraten wir notgedrungen in heillose Angst und beschließen unser Leben bitter und ohne Hoffnung. Wo aber der alternde Mensch sein Altwerden annimmt und bis zum Ende sich zu wandeln bereit ist, da kann er erfahren, daß gerade das Nachlassen seiner natürlichen Kräfte einem Übernatürlichen in ihm das Hervorkommen erleichtert. Er kann spüren, wie – wo er losläßt und sich dreingibt – ein anderes, größeres Leben ihn von innen her anspricht und ihn, wenn er zu hören lernt, mit einem völlig neuen Lebensklang beglückt. Wo das Herz sich löst von allem, woran es hängt, beginnt eine Fülle und Kraft sich bemerkbar zu machen, die nicht von dieser Welt ist. Es ist ein Geheimnis, das ganz unabhängig von Armut, Anfälligkeit und Einsamkeit Reichtum, Halt und Geborgenheit gibt. Voller Verwunderung kann dann die Umwelt erleben, wie der Alte sich in eigenartiger Weise verändert und aufhellt. Statt hart, bitter und verschlossen zu werden, sich und anderen zur Last, wird er immer gelöster, wird gelassen, heiter und gütig. Was kommt darin zum Ausdruck? Daß der Mensch seine in seinem irdischen Ursprung wurzelnde Weltnatur – die notwendig unter dem Eingehen ihres kleinen Lebens leidet – überwächst und aus dem Innewerden seiner überweltlichen Wesensnatur, die seinen himmlischen Ursprung bezeugt und nun ans Licht tritt, ein neuer Mensch wird, beglückend für ihn und für andere. In solchem

Bezeugen des uns innewohnenden göttlichen Seins vollendet das Alter sich in gereifter Menschlichkeit und bringt segenspendende Frucht, die nun absichtslos und so ganz ohne Mühen abfällt wie ein gereifter Apfel vom Baum. Diese Frucht ist das verborgene Werk des inneren Weges.

Alle Wirklichkeit dieser Welt, soweit der Mensch sie begreift und auch meistert, ist nur das „Profane", das Vorfeld des Tempels einer tieferen Wirklichkeit. Diese Wirklichkeit ist nicht mehr uns untertan, wie die Welt in der Freiheit des Geistes, der die Hörigkeit gegenüber unserer Urnatur überwindet, sondern der Wirklichkeit, die uns jetzt aufgeht, sind *wir* untertan. Doch wenn wir uns als *ihre* Diener bewähren, dann macht sie uns in einem ganz neuen Sinn zu den Herren dieser Welt, indem sie uns befähigt, die Welt so wahr-zunehmen, daß sie sich mitten in ihren gottfernen Bezügen in ihrem überweltlichen Wesen erkennt und antritt, die Bedingungen zu schaffen, in denen das Überweltliche Gestalt werden kann.

Der alternde Mensch lebt auf den Tod zu. In der Weise, wie er das nimmt, bekundet sich seine Reife.

Die Nähe des Todes bekundet das Nahen *des Lebens,* aus dem wir kommen und in das wir wieder eingehen, und das uns auch zeit dieses Lebens niemals entließ. Aber was uns zeitlebens meist nur im Unbewußten bewegte, sucht im Alter immer mehr ins Bewußtsein zu treten. Und in der rechten Weise altert der Mensch, der diese Bewußtwerdung zuläßt. Am Ende leuchtet dann immer mehr der Sinn seiner irdischen Form auf, das *Medium* zu sein, das auch noch im Widerspruch zum Sein dieses zum Sprechen bringt.

Sterben und Tod

Wie ein Mensch stirbt, hängt davon ab, wie er gelebt hat. So verschieden das Leben der Menschen, so verschieden der Tod. In der Einstellung zum Tode spiegelt sich die Einstellung zum Leben. Wenn das Leben zu Ende geht, wird sichtbar, was einer unter „Leben" verstand und ob er letzten Endes mehr aus seinem himmlischen oder aus seinem irdischen Ursprung gelebt hat.

Wer meint, das Leben in Raum und Zeit sei alles, für den ist Leiden ohne Sinn und der Tod nur der Feind. Er hat Angst vor dem Tod. Wer durch dieses raumzeitliche Leben hindurch schon das andere, das überweltliche Leben zu spüren gelernt hat, dem wird schon das Leben in der Zeit zur Bewährung des LEBENS, das in und über aller Zeit west und jenseits von Leben und Tod ist. Es wird zu einem Hinleben auf das LEBEN, das den Tod hinter sich läßt. Doch dies LEBEN geht im Menschen erst in dem Maße auf, als sein Leben, das in der Zeit ist, eingehen darf. Das ist zeitlebens schon so und der eigentliche Sinn alles Sterbens, auch des physischen Todes. Im Bewußtsein des Menschen wächst das LEBEN im Leben und Sterben heran, in dem Maße als das Bewußtsein den Horizont des Welt-Ichs überschreitet.

Kraft seines himmlischen Ursprungs gehört der Mensch dem LEBEN an, das jenseits des Lebens ist, dem der Tod innewohnt. Erst im Leiden an der Begrenztheit dieses Lebens erwacht im Menschen das Bewußtsein vom Großen LEBEN, wird dieses im Menschen seiner selbst bewußt. Erst im umbrechenden Leiden gewinnt der Mensch die Kraft, in Raum und Zeit von Ihm zu zeugen. Das höchste Zeugnis vom LEBEN legt der Mensch ab, den Es im Sterben erleuchtet.

Im Sterben macht sich das elementare Ich noch einmal ganz stark. An der Grenze seines Lebens angelangt, rafft es noch einmal alle Kräfte der Natur zusammen, um sich in diesem Leben zu halten. Oft genug geschieht es auch, daß ein Mensch an sich durchaus zum Sterben bereit war, und der Todeskampf blieb ihm doch nicht erspart. Doch gerade wo diese Rebellion gegen den Tod stark ist, kann dann im Eingehen des Ichs das Größere Leben in besonderer Weise aufgehen. Erst an der Grenze sind wir dem, was jenseits der Grenze ist, ganz nahe, und in der Dunkelheit des Endes kann das Leuchten eines Anfangs uns treffen und am qualvollen Ende des Endlichen das Unendliche uns finden, das uns allen Qualen entrückt.

Wo der Seelsorger sich mitfühlend auf einen Sterbenden einläßt, nimmt er den zum Tod Geweihten als den Mitmenschen wahr, der wie er in seinem Welt-Ich leidet und vor dem Tod Angst hat. Wo er sich ihm in seiner Todesnot mitmenschlich zur Seite stellt, hilft er dem Sterbenden, ohne Scheu und voller Vertrauen, sich von allem zu entlasten, was ihn beschwert. Er darf sich frei sprechen und bekennen, was ihn bekümmert, und bitten, wonach ihn verlangt. Wo der Begleitende sich ganz einfach mitmenschlich öffnet – vielleicht, indem er ihm auch von eigener Not und eigener Schuld spricht –, hilft er dem anderen, sich all der Fesseln zu entledigen, die ihn als das „ansehnliche“ Welt-Ich bis zuletzt gefangen hielten. Er hilft ihm, sich von dem Wahn zu befreien, auch noch „stattlich“ über die Schwelle schreiten zu können. Und so hilft er ihm, in die innere Wahrheit zu kommen, alle Fassaden fallenzulassen und sich nun nackt und bloß dem zu öffnen, der unausweichlich als der große Unbekannte auf ihn zukommt.

Aber der, der einen Sterbenden begleitet, kann noch einen Schritt weiter gehen: Er kann sich ihm von Wesen zu Wesen, als Bruder oder Schwester im Sein, zugesellen. Hier darf er nicht hängenbleiben in Gefühlen mitmenschlich mitempfundener Todesnot. Er soll aber auch nicht, über alle persönliche Not hinweg, nur unpersönlich Zeugnis geben von der Verheißung des Glaubens. Er soll vielmehr im gläubig-liebenden, aber auch harten Hinblick auf das Wesen des anderen diesen in sein eigentliches

Selbstsein hineinrufen, soll ihn, im Schweigen vielleicht, in die Schranken der Wahrheit stellen und ihn stark machen, das schmerzvolle Ausglühen seines nun endgültig am Loslassenmüssen leidenden Ichs im Hinblick auf ein ganz anderes zu ertragen. Das kann dann eine Hilfe sein dafür, daß am Ende des Daseins in diesem weltlichen Leben die Herrlichkeit des überweltlichen Lebens aufleuchtet.

Dem Zerglühen des Ichs wesensgerecht beizuwohnen stellt an den Begleitenden höchste Anforderung. Wie am Anfang des Lebens bedarf der Mensch auch am Ende des Geburtshelfers. Dieser kann dem anderen weder die Geburt selbst noch ihre Schmerzen abnehmen. Er kann nur helfen, die Bedingungen zu schaffen, unter denen die Frucht des im Sterben empfänglich gewordenen und nun vielleicht gesegneten Leibes ans Licht kommen kann. Hierzu muß er sich in einer höheren, einer überpersönlichen Liebe bewähren. Um ihretwillen muß er selbst, was oft schwer genug ist, auf die kleine, nur im irdischen Sinn Mitgefühl äußernde Liebesbezeugung verzichten. Es gibt die Liebe, die in der Welt Wunden heilt, Sorgen abnimmt, Tränen trocknet und auch liebevoll lügt, nur um dem Menschen Leiden abzunehmen oder zu erleichtern. Diese Liebe hat hier keinen Platz mehr. Man soll dem Sterbenden nicht die Schmerzen der Wahrheit ersparen. Die Wahrheit selbst ist immer weniger schrecklich als die Angst vor ihr. Und steht nicht gerade einem Sterbenden mehr als jedem anderen die Wahrheit zu?

Das Sterben kann die Chance einer letzten oder vielleicht der ersten Bewährung vollen Menschtums und die höchste Probe personaler Freiheit sein. Der Sterbende kann sich entweder im Trotz der Selbstbehauptung noch einmal selbst zu wahren suchen oder sich aus Freiheit voller Vertrauen und ohne Rückhalt einer höheren Macht überlassen. Er hat die Freiheit, verstockt auf seiner alten Sicht, seinem natürlichen Recht auf Leben und in seiner Glaubenslosigkeit zu verharren, oder aber sich in der Ahnung einer ihn gerade jetzt berührenden Gnade und eines höheren Sinnes ohne Reserve und Vorbehalt einem ihm selbst noch Unbekannten zu öffnen. Er kann sich endlich im Nein zu dem, was ihm geschieht, gänzlich in sich verschließen und verhärten oder aber sich dem in ihm schon mächtig andrängenden Strom unendlicher Liebe bewußt mit dem letzten Funken seiner Freiheit anheimgeben.

Über all dem abgründigen Geschehen des Sterbens leuchtet unerbittlich, fordernd und verheißungsvoll der kühle Stern der Wahrheit. Es ist die Wahrheit des unendlichen, das Ende des Endlichen fordernden Ursprungs. Weil es diese Wahrheit ist, kann der Mensch sie in diesem Augenblick nicht nur als harten Anruf erleben, sondern auch als Verheißung einer Erlösung verspüren, die ihn einem neuen Sein entgegenträgt. Gewiß bringt die Nähe des Todes noch einmal das am Leben hängende Ich auf den Plan. Aber gerade das ist der Augenblick, in dem der Begleitende die Stimme der Wahrheit eindringlich und ohne Schmerzscheu für den anderen anklingen lassen muß. Denn wie immer auch der Sterbende das, was auf ihn zukommt, ansehen mag, es ist die Stunde der Wahrheit. Nur so mag er vielleicht die Freiheit gewinnen, ja zu sagen, um dann vielleicht zu erfahren, daß der nahende Tod, der alle Schranken einreißt, der allösenden Liebe das Tor öffnet, die ganz unerwartet jetzt einströmen kann. Schon die Andeutung der Wahrheit kann über einen Augenblick des Schreckens hinweg das Wesen ins Innesein bringen, und der Tod hat seinen Schrecken verloren.

Ich werde nie ein solches Erlebnis vergessen: Ein Freund war nach einer schweren Operation dem Tode nahe. Die Ärzte, die das sehr genau wußten, hatten ihm versichert, daß er damit rechnen könne, in der nächsten Woche das Krankenhaus zu verlassen, um sich für eine neue Operation vorzubereiten, die ihn dann ganz gesund machen würde. Mit dieser Mitteilung auch empfingen mich die Angehörigen, die bei ihm wachten. Ich trat ein und erkannte die Lüge. Der Mensch war schon vom Tod gezeichnet. Ich schickte seine Frau hinaus, um allein mit ihm zu sein. Er sprach davon, daß er hoffe, in Kürze wie geplant, einen Vortrag halten zu können oder zumindest ihn rechtzeitig diktieren zu können, damit ein anderer ihn für ihn lesen könne. Es war deutlich zu fühlen, wie hinter diesen Worten die von ihm selbst empfundene Unwahrheit stand. Da faßte ich mir ein Herz und sagte: „Lieber Freund, ich glaube, Sie täten besser daran, statt an Ihren Vortrag zu denken, einmal alles loszulassen und sich auf den Punkt einzustellen, der jenseits von Leben und Tod ist. Hören

Sie", wiederholte ich, „jenseits von Leben und *Tod.*" Die Wirkung dieses Wortes war ergreifend. Er schloß die Augen. Ein neues Leben kam in sein Gesicht. Die aschfahle Farbe machte einem rosigen Schimmer Platz. Ein Leuchten ergoß sich über sein Antlitz. Dann öffnete er die Augen, und mit einem Ausdruck unendlichen Friedens reichte er mir die Hand und sagte nur ganz schlicht: „Danke." Dann schloß er wieder die Augen, ich ging und informierte seine Frau, daß sie nur mit wenigen Tagen noch rechnen dürfe. – Diesem Mann, der den Tod nicht fürchtete und die Reife besaß, sich offenen Sinnes auf ihn vorzubereiten, wurde das Sterben verdorben. Je näher der Augenblick des Hinübergehens kam, die Zeit also, in der er der größten Stille bedurfte, stiller Gemeinsamkeit mit seiner Lebensgefährtin und Stille, Stille, Stille für sich selbst, um so emsiger war das Kommen und Gehen der Schwestern und das Anlaufen des medizinischen Apparates, auch einer technischen Apparatur, um das rein physische Leben noch um einige Stunden zu verlängern. So wurde diesem Menschen in letzter Stunde noch genommen, was das letzte war, das er noch sein eigen hätte nennen können: sein Tod.

Warum läßt man den Menschen nicht in Frieden sterben, wenn der Augenblick gekommen ist? Warum es dem Menschen so schwer machen, im Sterben in seine himmlische Heimat und die Verklärung eines neuen Lebens einzugehen?

Epilog

Wir sind doppelten Ursprungs, unendlichen und endlichen, himmlischen und irdischen Ursprungs. Doch wo sind wir eigentlich daheim?

Es gibt die Erfahrung des Nachhausekommens aus dem Exil im weltlich Bedingten ins überweltlich Unbedingte. Es gibt sie ohne allen Anlaß als plötzliches Erwachen und als Erfahrung der Rettung aus der Not des Todes, der Verzweiflung und Trostlosigkeit dieses Lebens im plötzlichen Wissen um ein uns immanentes LEBEN, das jenseits ist von Leben und Tod, jenseits von Dunkel und Licht, jenseits von Einsamkeit und Gemeinschaft. Es gibt die Erfahrung des himmlischen Ursprungs als unserer eigentlichen Heimat, deren wir uns bewußt werden, wenn wir es vermögen, uns von der Herrschaft unseres Welt-Ichs zu befreien und in uns das zuzulassen, von dem es uns trennt. Es trennt uns vom Wesen, darin wir teilhaben am LEBEN, das in uns und durch uns offenbar werden möchte in der Welt, offenbar als schöpferisch erlösende Kraft, als Gewissen und als Liebe, die nicht von dieser Welt ist.

Wir sind in unserem Wesen Kinder des göttlichen Seins, Bürger des Reiches, das nicht von dieser Welt ist, Brüder des Herrn. Wir können uns dessen bewußt werden, bestürzt und beglückt und zu neuer Verantwortung befreit, wenn wir uns nur frei machen können von der Vorherrschaft desjenigen in uns, das sich absondert und herausstellt aus der Urheimat unseres Wesens. Es ist das Ich, das sich sondert und sagt: „Ich bin ich und will es bleiben.“ Es ist das Ich, das von seinem Ich-Stand aus alles, was es wahrnimmt, zu einem Gegen-Stand macht. Es ist das Ich, das fixiert, um Feststehendes kreist und feststellt, auch was seiner Natur nach nicht fest-stellbar ist. Es ist das Ich, das mit seinem Bleibewillen jeder Verwandlung im Wege, sich dem Grundgesetz allen Lebens, dem ewigen „Stirb und Werde“, dem ewigen Aufgehen und Eingehen, widersetzt und als dieses die Sünde gegen das LEBEN *ist*. Das in diesem Ich zentrierte Bewußtsein ist es, darin das Unendliche zum Endlichen erstarrt, das überweltliche, überraumzeitliche Sein sich im raumzeitlichen Dasein verhüllt! Nicht also, weil es sterblich ist, ist unser Leben endlich, denn im „Stirb und Werde“ der Blätter lebt auch der ewige Baum. Und was uns gegensätzlich dünkt und endlich, *ist* das Unendliche, Eine im Prisma des spaltenden Ichs. So ist der endliche Ursprung nichts anderes als das Produkt dieses Ichs, die Weise, in der das Unendliche sich im Auge des Welt-Ichs verbirgt.

„Endlicher Ursprung“ meint nicht, daß wir von fleischlichen Eltern gezeugt sind. Dann wäre die ganze Fülle der irdischen Welt „irdischen Ursprungs“. Nein, die Erde selbst ist himmlischen Ursprungs. Gerade *in* ihrem Werde-Stirb-Werde ist sie Zeugnis des ewigen LEBENS. Der endliche Ursprung des Menschen ist der Sprung, in dem das Unendliche im Bewußtsein des Menschen zum Endlichen ohne Ende erstarrt, das Unbedingte im raumzeitlich Bedingten und das Wesen sich im Welt-Ich verbirgt. Endliches Dasein ist nicht nur der Widerspruch zum unendlichen Sein, sondern auch des Menschen Ort seines Sich-Offenbarens, in dem es sich in menschlicher Weise verhüllt und über das Leiden an seiner Verborgenheit sich in menschlicher Weise bekundet.

Doch – gesegnet seist du, mein sündiges Ich; denn wie wüßte ich ohne dich, ohne das Leiden an der Getrenntheit, von Dem, den du verstellst, von meinem unendlichen Ursprung, und wo könnte ich, wenn nicht in deiner abtrünnigen Welt, die Treue zur Heimat, der unendlichen, bewähren und vom Einzigen zeugen, der ist?

Nur im Leiden am Endlichen wird das Unendliche, nur in der Spannung zum Unendlichen das Endliche seiner selbst auch bewußt und so das in beiden lebendige Ganze Erfahrung, Verheißung und Auftrag zur Offenbarung in menschlicher Gestalt.

Anhang

I. *Japan und die Kultur der Stille*
(O. W. Barth-Verlag, Weilheim, 5. Aufl. 1971)
1. Die Stille in Ost und West
2. Vom Wesen japanischer Übung
3. Die Grundübungen der Stille
4. Bewährung der Stille im Leben
5. Gegenständliche Stille
6. Stille der Verschmelzung
7. Die Prüfung der Stille
8. Ausklang

II. *Im Zeichen der Großen Erfahrung*
(Scherz-Verlag, 3. Aufl. 1974)
1. Die Haltung zum Leben
2. Der Ruf aus dem Sein
3. Der Weg in die Reife

III. *Durchbruch zum Wesen*
(Verlag Hans Huber, Bern-Stuttgart, 6. Aufl. 1975)
1. Menschengeist – Gottesgeist
2. Die Seele im Schatten des Leistungszwangs
3. Leistung und Stille
4. Verlust der Innerlichkeit
5. Geistige Überwindung des Mechanischen
6. Vom trennenden Ich und verbindenden Wesen
7. Zeichen menschlicher Unreife
8. Aufgang des Wesens in der Zeit der ersten Reife
9. Sternstunden des Lebens
10. Im Spiegel des Ernstes
11. Vom übernatürlichen Licht
12. Menschliches Reifen in psychologischer und religiöser Sicht
13. Heilung von Wesen zu Wesen
14. Die Dreieinheit des lebendigen Seins im Spiegel der Typologie
15. Mächtigkeit, Rang und Stufe des Menschen

IV. *Erlebnis und Wandlung*
(Erweiterte Neuauflage O. W. Barth, München 1978)
1. Der Mitmensch als Mittler zum Wesen
2. Die Erfahrungen des Wesens als Voraussetzung menschlicher Wandlung
3. Haltung, Spannung und Atem als Ausdruck der zentralen Lebensform des Menschen
4. Die transzendentale Bedeutung der Ichwirklichkeit

V. *Hara – Die Erdmitte des Menschen*
(O. W. Barth-Verlag, Weilheim, 7. Aufl. 1975)
1. Hara im Leben des Japaners
2. Hara in seiner allgemeinmenschlichen Bedeutung
3. Die gefährdete Mitte
4. Hara als Übung
5. Der Mensch mit Hara
6. Rückschau und Ausblick

VI. *Der Alltag als Übung*
(Verlag Hans Huber, Bern-Stuttgart, 5. Aufl. 1972)
1. Der Alltag als Übung
2. Die heilende Kraft der reinen Gebärde
3. Das Rad der Verwandlung

VII. *Zen und Wir*
(O. W. Barth-Verlag, Weilheim, 3. Aufl. 1976) (überarbeitete und erweiterte Ausgabe als Band 1539 im Fischer-Taschenbuch-Verlag, Frankfurt 1974)
1. Einleitung und Vorgriff
2. Not und Notwende des westlichen Menschen
3. Zen als Antwort
4. Zen für den Westen – Westlicher Zen

VIII. *Wunderbare Katze und andere Zen-Texte*
(O. W. Barth-Verlag, Weilheim, 3. Aufl. 1975)
1. Einführung
2. Vom Recht zu kämpfen
3. Ken-Zen-Einheit
4. Das Tao der Technik
5. Die wunderbare Kunst einer Katze
6. Fukan-Zazen-Gi
7. Über die Übung des Zen (Zazen)
8. Vom rechten Sitzen

IX. *Sportliche Leistung – Menschliche Reife*
(Verlag Wilhelm Limpert, Frankfurt a.M., 3. Aufl. 1969)

X. *Überweltliches Leben in der Welt*
(O. W. Barth-Verlag, Weilheim, 2. Aufl. 1972)

1. Das Ziel	2. Der Weg	3. Die Frucht
Mündigkeit	Das Initiatische	Mitmenschlichkeit
Transparenz	Ost und West	Der gereifte Alte
Gestalt	Das Exercitium	Einen Sterbenden begleiten

XI. *Der Ruf nach dem Meister*
(O. W. Barth-Verlag, Weilheim, 2. Aufl. 1974)
1. Der Ruf nach dem Meister
2. Meister-Schüler-Weg
3. Die Stimme des Meisters im Leben
4. Der Innere Meister in der Stimme der Mitte
5. Die Stimme des Meisters in der Begegnung mit dem Tod

XII. *Der Mensch im Spiegel der Hand*
(In Zusammenarbeit mit Ursula v. Mangoldt, O. W. Barth-Verlag, Weilheim, 2. Aufl. 1966)
1. Handlesekunst und Wissenschaft
2. Wesen und Wirklichkeit des Menschen
3. Die Hand als Spiegel des Menschen

XIII. *Transzendenz als Erfahrung*
(Festschrift zum 70. Geburtstag von Graf Dürckheim, Hrsg. Maria Hippius, O. W. Barth-Verlag, Weilheim, 1966)

XIV. *Aufsatz: Werk der Übung – Geschenk der Gnade*
(In „Geist und Leben“, Echter-Verlag, Würzburg 1972)

XV. *Aufsatz: Die Ganzheit des Menschen als Integration von östlichem un westlichem Lebensbewußtsein*
(Festschrift zum 75. Geburtstag von Lama Anagoarika Govinda, Hrsg. K.-H. Gottmann)

XVI. *Vom Leib, der man ist, in pragmatischer und initiatischer Sicht*
(In Körperdynamik, Sonderheft der Zeitschrift für praktische Psychologie, Hrsg. Hilarion Petzold, Jungfermann-Verlag, Paderborn)